Nestor Ndayongeje

Die Kirche im Dienst an der Schöpfung

Nestor Ndayongeje

Die Kirche im Dienst an der Schöpfung

Beitrag der Kirche und ihrer Caritas zur Bewahrung der Schöpfung in Burundi

Fromm Verlag

Imprint
Any brand names and product names mentioned in this book are subject to trademark, brand or patent protection and are trademarks or registered trademarks of their respective holders. The use of brand names, product names, common names, trade names, product descriptions etc. even without a particular marking in this work is in no way to be construed to mean that such names may be regarded as unrestricted in respect of trademark and brand protection legislation and could thus be used by anyone.

Cover image: www.ingimage.com

Publisher:
Fromm Verlag
is a trademark of
Dodo Books Indian Ocean Ltd. and OmniScriptum S.R.L publishing group

120 High Road, East Finchley, London, N2 9ED, United Kingdom
Str. Armeneasca 28/1, office 1, Chisinau MD-2012, Republic of Moldova, Europe
Printed at: see last page
ISBN: 978-613-8-35700-1

Euch

Meinem Vater Balthasar Bahufise (+2010) und meiner Mutter Pascasie-Isabelle Gahoreye

euch

meinen Geschwistern Josiane Nindorera, Jean Bosco Nkunzimana, Jean Claude Nsengiyumva, Stany Nsabimana, Alexandre Niyondiko und Hervé Ernest Ndayisaba

euch

Mitwirkenden, die die Nächstenliebe im Kinder- und Jugendhilfe St. Konrad Burundi e.V üben

Und euch

Frauen und Männern, die sich für die Bewahrung der Schöpfung einsetzen, zur großen Ehre Gottes, des liebenden Schöpfers des Himmels und der Erde, widme ich dieses Werk.

Danksagung

An dieser Stelle möchte ich meinen besonderen Dank nachstehenden Personen entgegenbringen, ohne deren Mithilfe die Anfertigung dieser Masterarbeit niemals zustande gekommen wäre.

Zunächst möchte ich Emeritiertem Bischof Venant Bacinoni dafür danken, dass er mich zum Studium nach Deutschland geschickt hat. Ein großer Dank geht an Bischof Salvator Niciteretse, seinen Nachfolger, der mir ermöglicht hat, diese Forschungsarbeit weiterdurchzuführen.

Mein Dank gilt in hohem Maß Prof. Dr. Klaus Baumann, der meine Masterarbeit betreut hat; ebenfalls bedanke ich mich bei Frau Prof. Dr. Ursula Nothelle-Wildfeuer für die entsprechende wissenschaftliche Betreuung als Zweitgutachterin.

Mein besonderer Dank gilt der Erzdiözese Freiburg, die mir durch ihre finanzielle Unterstützung die Masterarbeit ermöglicht hat. Letztendlich bedanke ich mich bei allen, die mir geholfen haben, diese Arbeit zu lektorieren.

Ihnen allen wünsche ich Gottes und Marias reichen Segen.

Inhalt

1 Einleitung

1.1 Hinführung zur Thematik und Fragestellung

Das Leben der Menschen, der Tiere und der anderen Lebewesen in der Welt ist von vielen Bedingungen abhängig, damit es bestehen kann. Eine, und zwar wesentliche unter diesen Bedingungen ist die reine Umwelt. Doch zeigt es sich immer mehr, dass die Umwelt immer mehr verschmutzt und zerstört wird. Denn das Klima ändert sich und die Auswirkungen auf die Umwelt werden immer schädlicher, sowohl in den Industrieländern als auch in den armen Ländern. Allerdings ist der Klimawandel selbst eine Folge der Umweltverschmutzung.

Die Industrieländer produzieren zu viel Treibhausgase, die Ursachen des Klimawandels sind. Dann sind die armen Länder betroffen und es ist schwierig für diese armen Länder, den Umweltschutz zu schaffen, weil sie kaum finanzielle Möglichkeiten haben. Wissenschaften, Regierungen, Zivilgesellschaften, Jugendliche und Religionen versuchen ihren Beitrag dazu zu leisten, dass die Umwelt geschützt wird. Die Kirche hat auch eine Rolle zu spielen. Insofern hat Papst Franziskus die Enzyklika „Laudato Si" und andere Umweltdokumente geschrieben, um die Kirche und die ganze Welt auf den Klimawandel und die Umweltverschmutzung aufmerksam zu machen und die Erde zu schützen. „Denn diese Schwester (die Erde) schreit auf wegen des Schadens, den wir ihr aufgrund des unverantwortlichen Gebrauchs und des Missbrauches der Güter zufügen, die Gott in sie hineingelegt hat."[1]

Die Kirche in Burundi sollte auch ihren Beitrag dazu leisten. Dann muss man auch wissen, welche Rolle der Kirche in Burundi im Umweltschutz zukommt. Die Kirche hat ein Liebeswerk, und zwar die Caritas. Um die Rolle der Kirche in Burundi zu zeigen, ist es auch nötig, dass die Rolle der Caritas klargestellt werden soll. In vorliegender Arbeit wird erklärt, welcher Unterschied zwischen dem Begriff „Natur" oder „Umwelt" im Vergleich mit „Schöpfung" besteht, sodass theologisch gesprochen der Begriff „Schöpfung" anstatt Natur oder Umwelt verwendet wird.

---

[1] Laudato Si, Nr. 2.

Dann ist die Frage in dieser Arbeit zu beantworten: welche Rolle spielen die Kirche und ihre Caritas in der Bewahrung der Schöpfung in Burundi?

1.2 Motivation und Ziel

Der Umweltschutz ist ein aktuelles Thema. Es ist nämlich sehr wichtig, unsere Erde als „unser gemeinsames Haus"[2] zu schützen, weil ihr geschadet wird. Die Luft ist wegen der Abgase verschmutzt. Das Wasser und der Boden sind wegen des Öls, der chemischen Dünger usw. verschlechtert. Viele Tier- und Pflanzenarten sind ausgerottet. Die Ursache ist die Aktivität der Menschen und alles hat viele negative Auswirkungen auf die Menschen und auf das Leben in der Welt. „Wir sind in dem Gedanken aufgewachsen, dass wir ihre Eigentümer und Herrscher seien, berechtigt, sie auszuplündern.

Die Gewalt des von der Sünde verletzten menschlichen Herzens wird auch in den Krankheitssymptomen deutlich, die wir im Boden, im Wasser, in der Luft und in den Lebewesen bemerken."[3] Um die Umwelt zu schützen, ist das Engagement aller Menschen nötig. Wie es schon gesagt wurde, ist dies in armen Ländern schwieriger zu schaffen als in Industrieländern, weil viele finanzielle Mittel aufgewendet werden müssen. Deshalb sind Gerechtigkeit und Liebe wesentlich, um sich für die Option für die Armen und für den Umweltschutz einzusetzen. Dann kann eine bessere Zukunft vorbereitet werden.

Die Kirche als eine große Gemeinschaft der Liebe kann einen Beitrag leisten, um die Lage der Umwelt zu verbessern. Deshalb wird in dieser Arbeit ihre Rolle in Burundi gezeigt. Außerdem hat die Kirche in Burundi vor einigen Jahren eine Synode über die Versöhnung gehalten. Es hat nämlich Bürgerkriege in Burundi gegeben und die Kirche hat versucht, den Weg der Versöhnung zu gehen. Wir wissen, dass Kriege eine Ursache der Umweltzerstörung sind. Die richtige Versöhnung besteht aus der Versöhnung mit Gott, mit sich selbst, mit den Mitmenschen und mit der Natur. Diese Lage der Schöpfung gilt als die Motivation für diese Arbeit.

---

[2] Laudato Si, Nr. 1.
[3] Laudato Si, Nr. 2.

Papst Franziskus schreibt klar in der Enzyklika „Laudato Si", wie die Menschen sich für den Umweltschutz engagieren sollten. In Burundi ist es auch dringend, dass die Umwelt geschützt wird. Denn zurzeit regnet es entweder zu viel oder zu wenig. Wenn es zu viel regnet, werden viele Häuser, Berge, Straßen, Pflanzen und Bäume zerstört[4]. Es hat sogar menschliche Opfer gegeben.[5] Viele andere Menschen müssen vor dieser Situation fliehen. Sie werden an einem Ort versammelt und manchmal bekommen sie kaum zu essen[6], weil das Land sehr arm ist. Wenn es zu wenig regnet, gibt es eine lange Trockenheit. In beiden Situationen wird die Landwirtschaft immer schlechter und der Hunger wird immer stärker. So wird auch die Armut noch schwerer. Die Urwälder verschwinden wegen der Abholzung. Diese Bäume werden zum Kochen oder zum Bauen benutzt. Wenn die Situation so bleibt, ist weder die Entwicklung noch der Friede möglich. Obwohl die Regierung in Burundi viele Projekte für den Umweltschutz hat, gibt es kaum Verwirklichungen. Darum ist es nötig zu zeigen, welche Rolle die Kirche und ihre Caritas spielen könnten.

Dieses Thema ist in der Perspektive der Caritaswissenschaft zu verstehen. Denn die Kirche agiert durch ihre Sendung und die vier Aufgaben der Caritas. Diese Aufgaben der Caritas sind folgende:

Sozialdienstleistung: Hier versucht Caritas die Menschen und besonders die Armen zu erreichen und ihnen zu helfen. Die Umwelt ist auch arm. „Die Wahrheit ist, dass wir die Natur mit derselben Ehrerbietung und derselben Bewunderung behandeln müssen, die wir den Menschen erweisen."[7] Wenn die Kirche die Schöpfung hütet, hütet sie auch alle Menschen.

Solidarität stiften: die Umwelt zu schützen, ist eine Aufgabe aller Menschen. Und die Kirche hat bei dieser Aufgabe allen besonders den Gläubigen zu helfen, in

---

[4] Vgl. Rigumye, Mariette, Fait du jour/Montée des eaux du Lac Tanganyika, les dégâts continuent à se multiplier, 2021, in : https://www.iwacu-burundi.org/fait-du-jour-montee-des-eaux-du-lac-tanganyika-les-degats-continuent-a-se-multiplier/. Letzter Abruf am 10.09.2021.

[5] Vgl. Iwacu, Gitaza, le Spectre de Gatunguru, 30.03.2015, in: https://www.iwacu-burundi.org/gitaza-le-spectre-de-gatunguru-pluies-torrentielles-rumonge-tanganyika/. Letzter Abruf 10.09.2021.

[6] Vgl. Rigumye, Mariette, Inondations à Gatumba, « le déménagement des déplacés est inopportun », 2020, in : https://www.iwacu-burundi.org/inondations-a-gatumba-le-demenagement-des-deplaces-est-inopportun/. Letzter Abruf am 10.09.2021.

[7] Bartholomaios, Vorwort des Ökumenischen Patriarchen von Konstantinopel, S. 12, in: Papst Franziskus, Unsere Mutter Erde, Gemeinsam die Schöpfung bewahren, Giulio Cesareo (Hg), Patmos, Ostfildern, 2020, S. 7-14.

Solidarität die Schöpfung zu bewahren. Denn „Wir sind überzeugt, dass es keine echte und nachhaltige Lösung zur Veränderung der ökologischen Krise und des Klimawandels gibt, wenn wir nicht der Solidarität und dem Dienst den Vorzug geben."[8]

Politische Anwaltschaft: „Wenn sich die Kirche durch ihre Caritas für die Armen einsetzt, wenn Gefangene nicht allein gelassen, sondern besucht und unterstützt werden, erfüllt sie eine wichtige Aufgabe im Auftrag Christi (vgl. Mt 25, 34-37)."[9] die Kirche ist die Stimme für die Ärmsten und für die Umwelt und so für die ganze Schöpfung.

Bildung: Papst Franziskus zeigt in der Enzyklika „Laudato Si", dass die Bildung sehr wichtig für die Bewahrung der Schöpfung ist: „Ich hoffe auch, dass in unseren Seminaren und den Ausbildungsstätten der Orden zu einer verantwortlichen Genügsamkeit, zur dankerfüllten Betrachtung der Welt und zur Achtsamkeit gegenüber der Schwäche der Armen und der Umwelt erzogen wird".[10]

Verschiedene Arbeiten über Burundi wurden geschrieben und einige davon werden im Folgenden beleuchtet.

1.3 Forschungsstand

Unterschiedliche theologische Studien über Burundi wurden durchgeführt. Diese wurden im Bereich des Friedens und der Versöhnung,[11] der neuen Evangelisierung als Kraft der Entwicklung,[12] des politischen Einsatzes der Kirche,[13] des Beitrags der burundischen und Biblischen Sprichwörter über den

---

[8] A.a. O., S. 11.

[9] Maruhukiro, Déogratias, Für eine Friedens- und Versöhnungskultur, Sozial-politische Analyse, ethischer Ansatz und kirchlicher Beitrag zur Förderung eine Friedens- und Versöhnungskultur in Burundi, LIT, Berlin, 2020, S. 301.

[10] Laudato Si, Nr. 214.

[11] Maruhukiro, D. (2020), A.a.O.

[12] Harerimana, Grégoire, Pastoral in der sich wandelnden Gesellschaft Afrikas, Neuevangelisierung als tragende Kraft der Entwicklung in Burundi, Inaugural-Dissertation zur Erlangung der Doktorwürde der Theologischen Fakultät der Alber-Ludwigs-Universität Freiburg im Breisgau, Freiburg, 2011.

[13] Nimenya, Eugène, Die politische Dimension des Heils, Kirchlicher Einsatz für den Menschen in der politischen Gemeinschaft, unter besonderer Berücksichtigung von Burundi, Inauguraldissertation zur Erlangung des akademischen Grades eines Doktors. Eingereicht an der theologischen Fakultät der Albert-Ludwigs-Universität Freiburg i. Br. Februar 2012.

Frieden im Religionsunterricht[14] und der politischen Alphabetisierung und Bewusstseinsbildung.[15] Zahlreiche Studien über die Umwelt wurden auch durchgeführt. Weil sie sehr zahlreich sind, können nur einige Beispiele zitiert werden. Eine Studie über das Kulturerbe als Beitrag der Umwelterziehung[16] und eine Studie über die Bewahrung der Umwelt und der Natur werden durchgeführt.[17] Eine andere Studie über die Erosion in Burundi wurde auch angefertigt.[18] Es wurde auch eine Studie über die Bevölkerung, Landwirtschaft und Umwelt durchgeführt.[19] Außerdem hat es eine Studie über den Klimawandel in Burundi gegeben.[20] Eine Studie über das Ökosystem wurde abgeschlossen,[21] so wie auch eine Studie über das Wasser in Burundi.[22] Alle diese Studien haben einen Beitrag entweder zur Theologie oder zum Umweltschutz geleistet. Die Mehrheit davon wird in der vorliegenden Arbeit zitiert. Die Frage ist, worüber kann noch geforscht werden, wenn es so zahlreiche Studien im Bereich der Umwelt und der Theologie in Burundi gegeben hat? Doch gibt es immer zu forschen, wenn der Umwelt immer mehr geschadet wird. Außerdem gibt es noch keine Forschung über die Rolle der Kirche und ihrer Caritas in Burundi, obwohl sie eine wichtige Rolle spielen könnten.

---

[14] Ndabiseruye, Alphonse, „i Bukunzi ntibwira", (Es wird nie Nacht bei einem wahren Freund), Burundische und Biblische Sprichwörter über den Frieden. Ihr Beitrag und ihre Verwendung im Religionsunterricht in Burundi, Inaugural-Dissertation zur Erlangung des Doktorgrades der Katholischen Theologie an der Albert-Ludwigs-Universität Freiburg im Breisgau, 2000.

[15] Ndabiseruye Alphonse, Politische Alphabetisierung und Bewusstseinsbildung, Aufgabe kirchlicher Erwachsenenbildung in Burundi am Beispiel der Pädagogik Paulo Freires, LIT, Berlin, 2009.

[16] Nindorera Alice, Aspects du patrimoine culturel contribuant à l'éducation relative à l'environnement au Burundi, 2019.

[17] Ntahuga, Laurent, Conservation de l'environnement et de la nature au Burundi, Annales- Musée Royal de l'Afrique centrale sciences zoologiques, 268 : 3-10.

[18] Rishirumuhirwa, Theodomir ; De Noni, Georges ; Roose, Eric ; et al., Environnement socio-économique et démographique et crise érosive au Burundi, 1995.

[19] Nkurunziza, François, Population- Agriculture et Environnement au Burundi, 1992.

[20] Bisore, Simon, Mécanisme pour un développement propre (MDP) du protocole de Kyoto : Barrières et Opportunités pour les pays moins avancés d'Afrique : Cas du Burundi, Thèse de Doctorat, Université Libre de Bruxelles, Université d'Europe, Bruxelles, 2012.

[21] Kabanyegeye, Henri ; Masharabu, Tatien ; Yannick, Useni Sikuzani ; et al., Perception sur les espaces verts et leurs services écosystémiques par les acteurs locaux de la ville de Bujumbura (République du Burundi). Tropicultura, 38. Bruxelles, Belgium Agri-Overseas, 2020.

[22] Mergele, Heidi Elisabeth ; Niragira, Sanctus ; Biesalski, Hans Konrad ; et al. The Challenge of food security and the Water-Energy-Food Nexus: Burundi Case Study. World Review of Nutrition und Dietetics, 2020, Vol. 121, 2020. S. 183-192.

1.4 Methode und Aufbau der Arbeit

Diese Arbeit basiert auf eine Literaturecherche und besteht aus fünf Kapiteln. Nach der Einleitung wird die Lage der Umwelt in Burundi betrachtet. In diesem Kapitel wird die Situation des Klimas, der Luft, des Wassers, des Bodens, der Biodiversität und des sozialen Lebens in Burundi beschrieben. Dann kommt ein Kapitel über die Ursachen der Umweltverschmutzung- und Zerstörung in diesem Land. Weil das Land arm ist, erklärt dieses Kapitel, warum und wie die Armut die Hauptursache der Umweltverschmutzung ist. Im vierten Kapitel geht es um die theologische Reflexion. In diesem Kapitel wird gezeigt, dass Gott alles geschaffen hat, und er hat den Menschen den Herrschauftrag gegeben. Aber die Sünde hat die Schöpfung zerstört und Jesus hat die ganze Schöpfung erlöst. Das fünfte Kapitel handelt von der Rolle der Kirche und ihrer Caritas in der Bewahrung der Schöpfung in Burundi. Diese Rolle erfüllen die Kirche und ihre Caritas durch die Aufgaben von Caritas und die drei Sendungen der Kirche, und zwar die prophetische Sendung, die Sendung der Heiligung und die Sendung der Leitung. Es wird auch gezeigt, wie die Kirche sich für die Armutsbekämpfung einsetzt. Die Versöhnung mit der Schöpfung als entsprechende ökologische Spiritualität in Burundi wird zuletzt behandelt.

2   Umweltzerstörung in Burundi

Wenn es um die Umweltverschmutzung und -zerstörung geht, könnte es gemeint werden, dass nur die westlichen Länder betroffen sind, weil sie reich sind und dann sie viele Treibhausgasemissionen machen. In Afrika im Allgemein und in Burundi im Besonderen vermutet man nicht, dass es Umweltverschmutzung gibt. Trotzdem ist die Umwelt in Burundi auch verschmutzt. Das wird in diesem Kapitel gezeigt. Aber über Burundi zu sprechen, benötigt zuerst, seine geographischen Daten vorzustellen. Danach werden der Klimawandel, die Luftverschmutzung, die Situation des Bodens, die Lage des Wassers, die Lage der Biodiversität und der Gesellschaft behandelt.

2.1 Geographische Daten

Burundi ist ein im Herzen Afrikas liegendes kleines Land, dessen Fläche 27834 km² umfasst. Hügelig und bergig grenzt Burundi „im Süden und Osten an Tansania, im Westen an die DR Kongo und im Norden an Ruanda."[23] Laut der Kommission der Wälder des zentralen Afrikas besteht der große Teil der burundischen Grenze in Seen und Flüssen. Im Westen und Südwesten befinden sich der Tanganjikasee, die Flüsse Rusizi und Malagarazi und im Norden der Fluss Akanyaru und die Seen Cohoha und Rweru. Nach der gleichen Quelle gibt es in Burundi verschiedene natürliche Ökosysteme im Besonderen im Tanganjikasee dank des tropischen und äquatorialen Klimas. Die gleiche Quelle zeigt, wie die Vegetation in Burundi ist: Der natürliche Wald umfasst 14 Schutzgebiete. Diese Quelle fügt hinzu, dass die wichtigsten Kibira (40000 ha) und Ruvubu (50900 ha) sind und im burundischen Teil des Kongobeckens sich der Rusizi-Park (8000ha), Bururi, Rumonge usw befinden.[24] Das Land hat zwei Jahreszeiten, und zwar die Regenzeit und Trockenzeit und besitzt ein Entwicklungspotential dank seines Flusssystems (Nil und Tanganjika), das es mit Kongo und Tansania teilt.[25]

2.2 Klimawandel

Es ist wichtig zu wissen, wie die Lage des Klimas in Burundi ist. Gibt es Klimawandel in Burundi? Welche sind seine Auswirkungen? Diese Fragen werden im Folgenden beantwortet.

Immer mehr wird klar, dass der Klimawandel der Welt und dem ganzen Leben schadet, denn „die Treibhausgasemissionen aus der Verbrennung fossiler

---

[23] A.a.O.
[24] Vgl. Commission des forêts d'Afrique centrale, Données géographiques -Burundi, in : https://comifac.org/etats-membres/burundi#:~:text=Le%20Burundi%20couvre%2027834%20Km2%20dont%2025%20200,et%20les%20lacs%20Cohoha%20et%20Rweru%20au%20Nord. Letzter Abruf am 13.09.2021.
[25] Vgl. Universalis, Burundi, in: https://www.universalis.fr/encyclopedie/burundi/. Letzter Abruf am 13.09.2021.

Brennstoffe und die Entwaldung ersticken die Erde und bringen Milliarden Menschen in unmittelbare Gefahr. Die Erwärmung trifft alle Regionen der Erde, und viele der Veränderungen werden bald unumkehrbar sein. Wir befinden uns gefährlich nah am international vereinbarten Schwellenwert von 1,5 °C."[26] Zum einen gibt es einen natürlichen Klimawandel, der nicht schlimm für die Schöpfung ist. Zum anderen gibt es einen Klimawandel, der von Aktivitäten der Menschen verursacht wird. Dieser wird immer und schneller schlimmer für die Geschöpfe.

In seiner Doktorarbeit über das Protokoll von Kyoto stellt Simon Bisore fest, dass Burundi an Auswirkungen des Klimawandels leidet, obwohl es nur sehr wenig durch die Treibhausgasemission zu dem Klimawandel beiträgt.[27] Auch behindern die Folgen des Klimawandels den Ackerbau. Denn „Regenzeiten verschieben sich, Böden trocknen aus, Ernten gehen verloren. Die Erträge reichen so meist nicht einmal mehr für den Eigenbedarf."[28] Darüber hinaus zeigen die Prognosen zum Klimawandel für alle Monate des Jahres einen signifikanten Temperaturanstieg von 2 auf 5° Celsius in der Periode von 2071 bis 2100 und ein Anstieg des jährlichen Niederschlags ist besonders wahrscheinlich in den Monaten November und im Dezember.[29]

Der Klimawandel ist dann eine Konsequenz und auch eine Ursache der Umweltzerstörung. Deshalb ist es notwendig zu sehen, was der Luft, dem Wasser, dem Boden und der Biodiversität und den Menschen schadet, damit die Folgen verhindert werden können. Darum geht es in folgenden Punkten.

---

[26] United Nations Information Service, Klimawandel, 09.08.2021, in: https://unis.unvienna.org/unis/de/topics/climate_change.html. Letzter Abruf am 04.10.2021.

[27] Vgl. Bisore, S., (2012), A.a.O., S. 207.

[28] Oxfam Deutschland, Nachhaltige Landwirtschaft und sauberes Wasser, in: https://www.oxfam.de/unsere-arbeit/projekte/burundi-wasser-sichere-zukunft. Letzter Abruf am 04.10.2021.

[29] Vgl. Maheburwa, Gaspard, Changement climatique : la vulnérabilité au Burundi, 2015, in : https://www.info-afrique.com/52266-changement-climatique-la-vulnerabilite-au-burundi/. Letzter Abruf am 04.10.2021.

2.3 Luftverschmutzung: eine Gefahr für das Leben

Jedes Lebewesen braucht die Luft. Es handelt sich um ein farb- und geruchloses Gasgemisch, welches unsere Lungen optimal mit Sauerstoff versorgt.",[30] wenn nur die reine Luft das Leben fördert, kann verschmutzte Luft nur eine Gefahr für das Leben sein. Wenn man von Luftverschmutzung spricht, versteht man „die Abweichung der Luftzusammensetzung von ihren natürlichen Werten durch die Emission potenzieller Schadstoffe."[31] Schadstoffe sind beispielsweise Kohlendioxide, Ammoniak, Stickoxide und Schwefeloxide. Im Folgenden wird gezeigt, wie die Luft in Burundi verschmutzt ist und welche sind die Folgen.

In Industrieländern wird die Luft hauptsächlich von der Industrie und von Verkehrsmitteln verschmutzt, weil sie viele Treibhausgasemissionen verursachen. Freilich ist die Luft in Burundi wie in anderen armen Ländern nicht von der Industrie verschmutzt, weil es nicht so viele gibt, sondern die Luft wird durch die gebrauchten Autos verschmutzt, wie UNEP (UN-Environment Programm) berichtet. „Die Exporte zum Teil schrottreifer oder ausgemusterter Gebrauchtwagen aus Europa, Japan oder den USA gefährden in Afrika die Umwelt."[32]

In den armen Ländern gibt es nur wenige Menschen, die sich neue Autos leisten können. Die Armut ist hier ein Grund, die Gebrauchtwagen zu kaufen. Die Frage kann gestellt werden, ob es gerecht ist, Autos in solchem Zustand noch zu verkaufen, oder sie in diese Länder zu schicken. Wenn solche Autos immer in arme Länder geschickt werden, wird die Luft immer mehr verschmutzt. Die reichen Länder tragen zur Umweltverschmutzung bei, während sie zum Umweltschutz beitragen sollten. Außerdem kann die verschmutzte Luft sich bewegen und immer mehr Regionen verschmutzen.

Eine weitere Ursache der Luftverschmutzung in Burundi ist das Kochen. Es wird nämlich in vielen Familien noch auf offenen Feuerstellen gekocht. Papst

---

[30] Luftbewusst, Luftverschmutzung, Arten, Ursachen und Folgen, in: https://luftbewusst.de/umwelt/luftverschmutzung-arten-ursachen-und-folgen. Letzter Abruf am 05.10.2021.
[31] A.a.O.
[32] UN, Europas Gebrauchtwagen bedrohen Afrikas Umwelt, 2020, in: https://www.wallstreet-online.de/nachricht/13071547-un-europas-gebrauchtwagen-bedrohen-afrikas-umwelt. Letzter Abruf am 05.10.2021.

Franziskus stellt fest, dass Krankheiten folgen können, wenn die Menschen den Rauch von Brennstoffen häufig einatmen.[33] Auch provozieren die Müllverbrennung und Buschbrände eine Verschmutzung der Luft in Burundi. Denn dies kann zu den Emissionen von Kohlendioxid und dann zur Klimaerwärmung und zum Verschwinden der Ozonschicht beitragen.[34] So können die Sonnenstrahlen der Gesundheit der Menschen und der anderen Lebewesen schaden, weil die Körper, durch die sie gehen, ionisiert werden.[35]

Es gibt auch das Phänomen des Smogs, das heißt Partikel in der Luft und bodennahes Ozon.[36] Die Landwirtschaft kann auch zur Luftverschmutzung durch den Gebrauch chemischen Düngung und durch Pestizide beitragen.[37] Wenn die Luft sich verschlechtert, ist die Gesundheit der Menschen, der Tiere[38] und der Bäume gefährdet. Außerdem ist die verschmutzte Luft die Ursache des sauren Regens, der auch die Flüsse und die Seen versauern kann.[39] Das alles hat seine Auswirkung auf die gesamte Schöpfung.

Wenn die Luft verschmutzt ist, ist es für die ganze Schöpfung eine Gefahr, weil die Luft alle Lebewesen gebrauchen. Wenn die Wälder eine wichtige Rolle spielen, damit die Luft immer rein ist, trägt die Abholzung zur Verschmutzung sowohl der Luft als auch des Bodens bei. Das wird im Folgenden behandelt.

2.4 Abholzung und ihre Folgen für den Boden und für das gesamte Leben

Der Boden wird in Burundi immer mehr verschmutzt und zerstört. Dann gibt es viele Folgen, wie es im Folgenden gezeigt wird.

Weil es noch nicht viel Industrie gibt, gibt es auch wenig Öl, das den Boden verschmutzen kann. Allerdings verschmutzen Abfälle vom Haushalt und Plastik

---

[33] Vgl. Laudato Si, Nr. 20.
[34] Vgl. Bureau du vérificateur général du Canada, Annexe1- les activités humaines et leurs effets possibles sur l'environnement, in : https://www.oag-bvg.gc.ca/internet/Francais/meth_gde_f_19283.html. Letzter Abruf am 05.10.2021.
[35] Vgl. Futura Santé, Les différentes radiations émises par le Soleil, in : https://www.futura-sciences.com/sante/dossiers/medecine-soleil-risques-dangers-102/page/4/. Letzter Abruf am 05.10.2021.
[36] Vgl. Bureau du vérificateur, A.a.O.
[37] Vgl. Luftbewusst, A.a.O.
[38] Vgl. Bureau du vérificateur général du Canada, A.a.O.
[39] A.a.O.

den Boden. Die Probleme des Bodens in Burundi bestehen auch in den Erdrutschen und in der Erosion wegen der Abholzung. Durch die teilweise oder vollständige Zerstörung der natürlichen Vegetation werden die Lage der landwirtschaftlichen Systeme und die erosiven Prozesse verschärft.[40] Daher gibt es schon Schulen und Straßen, die in einem schlechten Zustand sind, oder die nicht mehr funktionieren. Die Wälder können eine wichtige Rolle beim Schutz des Bodens spielen, aber weil das Holz die Hauptenergiequelle in Burundi ist, werden die Bäume kontinuierlich abgeholzt. Die Stadterweiterung ist auch eine Ursache der Entwaldung.

In Burundi sind Menschen wegen der Erdrutsche und der über die Ufer getretenen Flüsse gestorben und viele Familien sind obdachlos geworden.[41] Eine solche Katastrophe trifft die Ärmsten am schlimmsten. Da sie keine stabilen Häuser haben, sind diese komplett zerstört. Dann müssen diese Menschen fliehen. Die Flucht bietet weder Sicherheit noch gute Familienbedingung und so verarmen diese armen überlebenden Menschen noch mehr.

Laut UNDP könnten die Wälder in Burundi bald verschwinden, wenn man sich nicht für ihren Schutz einsetzt, da jedes Jahr 64Km² von Wäldern verschwinden.[42] Die Wälder spielen eine wichtige Rolle im Wasserkreislauf, sowohl indem das Wasser verdunstet als auch wenn das Regenwasser in das Grundwasser versickert.[43] Eine andere Rolle der Wälder betrifft den Umweltschutz, wenn sie die Bodenerosion, das Hochwasser, Überschwemmungen und Wirbelstürme reduzieren und wenn sie die Biodiversität erhalten.[44]

---

[40] Vgl. Rishirumuhirwa, Theodomir, Effets des crises politiques au Burundi sur les processus érosifs dans la région du Mirwa central numéro 50, in Lutte antiérosif, Réhabilitation des sols tropicaux et protection contre les pluies exceptionnelles, IRD, 2012, in : https://www.openedition.org/6540. Letzter Abruf am 05.10.2021
[41] Vgl. UN Office for the Coordination of Humanitarian Affairs, Burundi, inondations et glissement de terrain Flash Update, No, 2, 8 décembre 2019, in : https://reliefweb.int/report/burundi/burundi-inondations-et-glissements-de-terrain-flash-update-no-2-8-d-cembre-2019. Letzter Abruf am 15.10.2021.
[42] Vgl. Nsavyimana, Aaron, Réduire de 90 pour cent la consommation de Bois c'est possible, 2014, in : https://www.bi.undp.org/content/burundi/fr/home/ourwork/environmentandenergy/success stories/reduire-de-90--pour-cent-la-consommation-de-bois-c-est-possible/#. Letzter Abruf am 05.10.2021.
[43] Vgl. Rousseau, André, Les forêts indispensables à l'eau, 2009, in : https://www.ledevoir.com/non-classe/262641/les-forets-indispensables-a-l-eau. Letzter Abruf am 05.10.2021.
[44] A.a.O.

Die anderen Aktivitäten, welche auch in Burundi stattfinden und die einen Einfluss auf die Bodenzerstörung haben, sind zum Beispiel der Bergbau, die Landwirtschaft oft mit Einsatz von Pestiziden, die Abfallentsorgung, die Herstellung von Backsteinen und Dachziegeln und die militärischen Übungen.[45] Der Bergbau wird besonders im Norden des Landes praktiziert. Außer den Umweltschäden, die von diesem Bergbau verursacht werden, gibt es dort Kinderarbeit.[46] Solche Kinder verpassen die Schule und verlieren immer wieder bei Unfällen das Leben.

In Burundi herrscht ein großer Mangel an Sauberkeit. Bischof Venant Bacinoni zeigt auf, wie die Menschen Tüten, Dosen, Plastikflaschen überall und einfach wegwerfen. Die Folge davon, fügt er hinzu, ist, dass sich die Moskitos vermehren, die Versickerung des Regenwassers teilweise nicht mehr möglich ist, die Pflanzen Schwierigkeiten zu wachsen haben.[47] Andere Konsequenzen sind viele Krankheiten und besonders Malaria wegen dieser Moskitos.

Dieser Punkt hat gezeigt, wie der Boden verschmutzt und zerstört wird. Die Hauptursache ist die Abholzung und ihre Auswirkungen. Die Wälder schützen führt auch zum Schutz sowohl des Bodens als auch des Wassers. Die Lage des Wassers ist das Thema des folgenden Punktes.

2.5 Die Lage des Wassers: viel Wasser ohne ausreichendes Trinkwasser

Das Wasser ist wesentlich in unserem Leben und im Leben aller Lebewesen. In Burundi gibt es viele Wasserquellen und darunter auch die Quelle des Nils. Von diesen Quellen profitiert nicht nur Burundi, sondern andere Länder auch profitieren davon.[48] Im Folgenden ist zu sehen, wie die Flüsse und die Seen in Burundi verschmutzt sind und dass das Trinkwasser nicht ausreichend ist.

Das Wasser ist in Burundi verschmutzt. Die am meisten verschmutzten Flüsse und Seen liegen in den Städten oder in deren Nähe. Diese sind Tanganjikasee

---

[45]Vgl. Bureau du vérificateur général du Canada, A.a.O.

[46] Vgl. Vircoulon, Thierry, Mutation du secteur minier au Burundi, du développement à la Captation, Notes de l'Ifri, Ifri 2019, S. 7.

[47] Vgl. Bischof Bacinoni, Venant, Dusubize hamwe n'Imana mukubungabunga ivyo yaremye, inyigisho y'ukwitegurira umusi mukuru wa pasika umwaka w'2013, Bururi, S. 3.

[48] Vgl. République du Burundi, ministère de l'Eau, de l'environnement, de l'aménagement du Territoire et de l'urbanisme, Politique Nationale de l'eau, Bujumbura 2009, S. 17.

und seine Nebenflüsse. Die Seen Burundis werden durch verschiedene Tätigkeiten verschmutzt. Denn „'Schadstoffe aus Industrie, Handwerk und häuslichen Abwässern aus Städten und Dörfern gelangen ohne jegliche Vorbehandlung in den See.'"[49] Außerdem verschmutzen den Tanganjikasee die Transport- und Fährschiffe sowie die Generatoren und Öllampen der Fischer, die zum Nachtfischen genutzt werden.[50]

Ebenso ist die Landwirtschaft eine Quelle der Verschmutzung der Seen. Albert Mbonerane, 1993-1997 Botschafter von Burundi in Deutschland und aktiv im Umweltschutz, erklärt, wie die Verschlammung eine Folge einer starken Erosion ist und die Konsequenz einer Landwirtschaft, die Umweltaspekte nicht in Betracht zieht.[51] Mbonerane betont noch, dass die Menschen, die in diesem See nach Baumaterial suchen, manchmal seine Ufer zerstören, weil sie die Betriebsstandards meistens nicht erfüllen.[52] Nach Mbonerane ist eine weitere Form der Verschmutzung der in den Tanganjikasee fließenden Flüsse die handwerkliche Verarbeitung von Palmöl, dessen Abwasser und andere feste und flüssige Abfälle in diese Flüsse und schließlich in den See gelangen.[53]

Bischof Venant Bacinoni fügt hinzu, dass es noch viele Familien gibt, die keine Toilette haben, oder sie haben eine, die aber weder sauber noch beständig ist und wenn es regnet, nimmt das Wasser alles mit, sodass es in die Flüsse oder Seen gelangt.[54] Dies kann viele Krankheiten bei den Menschen, die dieses Wasser trinken, verursachen. Hier ist zu bemerken, dass der Mensch selbst die Ursache seiner Schwierigkeiten wegen des Mangels an Wissen und wegen der Armut ist.

Ein weiteres Problem, das die Verschmutzung des Wassers verursacht, besteht darin, dass in der 150m breiten Pufferzone für den Tanganjikasee Häuser gebaut werden.[55] Diese Konstruktionen stellen auch eine Gefahr für die Bewohner dar, wenn es Überschwemmungen gibt. Eine andere Art der Verschmutzung des Sees

---

[49] Focus, Umwelt Tanganjikasee ist „Bedrohter See des Jahres 2017", 31.01.2017 in: https://www.focus.de/wissen/diverses/umwelt-tanganjikasee-ist-bedrohter-see-des-jahres-2017_id_6573374.html. Letzter Abruf am 05.10.2021.
[50] A.a.O.
[51] Vgl. Mbonerane, Albert, Conseil du Lac Tanganyika, Editions Universitaires Européennes, 2019. S. 13.
[52] A.a.O., S. 5.
[53] A.a.O., S. 14.
[54] Vgl. Bacinoni, V., (2013) A.a.O., S. 3.
[55] Vgl. Mbonerane, A., (2019), A.a.O., S. 71.

kommt vom Abfall, indem feste Abfälle, Plastik und Sedimente in den See kommen.[56] Es gibt verschmutzte Gebiete mit dem üblen Geruch in der Nähe des Tanganjikasees, wo die Armen nach gebrauchten Kleidungen und Essensresten suchen. Außerdem gibt es Menschen, die in der Nähe von solchen Orten wohnen. Sie sehen, wie diese Orte verschmutzt sind, aber sie haben keine andere Möglichkeit, eine würdige Wohnung in einem würdigen Ort zu haben.

In der Zeitung „Iwacu" ist auch zu lesen, dass die Bevölkerung der Stadt Bujumbura Wasser aus dem von Regideso (Unternehmen für die Produktion und Verteilung von Wasser) umgebauten See trinkt und diese Firma dieses Wasser zurzeit in einer Entfernung von 3,5 km weiter schöpft, wobei die Distanz zu Beginn nur 800m war.[57] Wenn nichts unternommen wird, kann man sich ausrechnen, dass die Entfernung immer größer wird, bis man das Wasser aus dem Kongo gewinnen muss. Die Folgen können nur Konflikte sein. Doch hat es in vielen Ländern Konflikte wegen des Wassers gegeben. Die Verschmutzung betrifft nicht nur den Tanganjikasee, sondern auch die Seen im Norden des Landes in der Provinz Kirundo. Diese Seen sind durch die Landwirtschaft verschmutzt, wie in der Zeitung „Iwacu" zu lesen ist.[58]

Nicht nur das Oberflächenwasser ist verschmutzt, sondern auch das Grundwasser. Wie überall gibt es auch in Burundi Aktivitäten, die zur Grundwasserverschmutzung beitragen können. Diese Aktivitäten umfassen das Sammeln von Wasser für häusliche oder industrielle Zwecke, die Verwendung von Dünger und die Erweiterung von Städten.[59] Dies hat viele Konsequenzen, und zwar der Lebensraum im Meer und See verschlechtert sich, die Fischpopulationen nehmen ab und die Fälle ihrer Krankheiten nehmen zu, die Wasserqualität verschlechtert sich und der Tourismus nimmt ab.[60] In allem ist die Gesamtheit der Schöpfung gefährdet und am gefährdetsten sind die Ärmsten.

---

[56] Vgl. Ndabashinze, Rénovat, « Lac Tanganyika, un Trésor oublié », 02.08.2018, in : https://www.iwacu-burundi.org/lac-tanganyika-un-tresor-oublie/. Letzter Abruf am 05.10.2021.

[57] Vgl. Mbonerane, A. (2019), A.a.O., S. 71.
[58] Vgl. Niyongabo, Cyrille, Kirundo les lacs du nord menacés, 04.10.2017, in : https://www.iwacu-burundi.org/kirundo-les-lacs-du-nord-menaces/. Letzter Abruf am 05.10.2021.
[59] Vgl. Bureau du Vérificateur général du Canada, A.a.O.
[60] A.a.O.

Es ist auch wichtig zu wissen, dass das Trinkwasser in Burundi eine Herausforderung ist, wie ein Bericht von Oxfam es zeigt: „Viele Familien in Bujumbura Rurale müssen Oberflächenwasser aus Bächen, Flüssen oder gar dem Tanganjikasee nutzen, um ihren Wasserbedarf zu decken. Krankheiten wie Typhus sind da an der Tagesordnung."[61]

In diesem Punkt wurde gezeigt, dass Burundi viel Wasser hat, obwohl dieses Wasser immer mehr verschmutzt ist. Das Wasser zu schützen und das Trinkwasser zur Verfügung zu stellen ist ein wichtiger Beitrag zum Wohl der Menschen und der Biodiversität. Der folgende Punkt behandelt die Lage der Biodiversität.

2.6 Gefährdung der Biodiversität

Wenn man über die Umweltprobleme spricht, vergisst man oft die Probleme mancher Lebewesen und besonders der kleinen Tiere, als ob sie keine Bedeutung hätten und man spricht vom Wasser von der Luft und vom Boden.[62] Im Folgenden wird gezeigt, wie die Lage der Biodiversität in Burundi.

 Der Klimawandel und die Aktivitäten der Menschen haben jedoch Auswirkungen auf das Ökosystem. Das Ökosystem kann gestört werden wie zum Beispiel durch Waldbrände, wenn sie häufig stattfinden. In Burundi gibt es keine natürlichen Waldbrände. Wenn es Buschbrände gibt, werden sie von den Menschen provoziert, um eine bessere Weide für ihr Vieh zu finden. Deshalb sind die Wälder und die Tiere wegen der Aktivitäten der Menschen gefährdet. Hier ist die Übernutzung durch die Landwirtschaft, durch die Suche nach Holz und durch die Überweidung wegen der Kühe gemeint, die jedes Mal am gleichen Ort grasen.[63] „ Der Verlust von Wildnissen und Wäldern bringt zugleich den Verlust von Arten mit sich, die in Zukunft äußerst wichtige Ressourcen darstellen könnten, nicht nur für

---

[61] Oxfam Deutschland, Nachhaltige Landwirtschaft und sauberes Wasser, in: https://www.oxfam.de/unsere-arbeit/projekte/burundi-wasser-sichere-zukunft. Letzter Abruf am 05.10.2021

[62] Vgl. Laudato Si, Nr. 35.

[63] Vgl. Nzigidahera, Benoît, vulnérabilité des forêts ombrophiles de montagnes aux changements climatiques au Burundi : Renforcement de leur pouvoir d'adaptation, in : République du Burundi, Ministère de l'Eau, de l'environnement, de l'aménagement du territoire et de l'urbanisme, Bulletin scientifique de l'Institut national pour l'environnement et la conservation de la nature, Bulletin numéro 10, Museum, Bujumbura, 2012, S. 41.

die Ernährung, sondern auch für die Heilung von Krankheiten und für vielfältige Dienste."[64]

Dazu kommt die Überjagung bestimmter Tierarten, die zu ihrem Verschwinden geführt hat. Laut Ndabashinze gibt es in Burundi 12 verschiedene Säugetierarten, die schon ausgestorben sind. Der Autor gibt als Beispiel Löwen, Elefanten, Nashörner, Giraffen usw., die gefährdet sind. Der gleiche Autor meint, dass andere bedroht sind und allmählich aussterben. Als Beispiel gibt der Autor die Nilpferde, Büffel, große Raubvögel usw. Ndabashinze stellt fest auch, dass es nur noch einige Baumarten gibt, die in Kibira und in Bururi zu finden sind.[65]

Die andere Biodiversität, die gefährdet ist, befindet sich im Tanganjikasee. Denn Studien, die im nördlichen Teil des Tanganjikasees durchgeführt wurden, haben eine Bioakkumulation anhaltender Organochlor-Pestizide einschließlich DDT bei mehreren Fischarten von kommerzieller Bedeutung gezeigt.[66] Daher sind nicht nur die Fische gefährdet, sondern auch die Menschen, die diese Fische konsumieren können. Die biologische Vielfalt im See ist auch durch invasive Arten wie die Wasserhyazinthe gefährdet, die verhindern können, dass Sonnenlicht und Sauerstoff andere Lebewesen erreichen und eine hohe Evapotranspiration und eine Ansammlung der Sedimente auslösen.[67]

Abgesehen von der Tatsache, dass Tiere von Menschen bedroht werden, die ihren Raum besetzen, betrachten dieselben Menschen die Tiere nur als Nahrung und jagen sie. Das Radio « Voix d'Afrique » berichtet, dass zwischen 2016 und 2018 mehr als 15 Flusspferde getötet wurden, weil die Menschen frisches und kostenloses Fleisch haben wollten.[68] Tiere und Vegetationen sind zwar

---

[64] Vgl. Laudato Si, Nr. 32.

[65] Vgl. Ndabashinze, Rénovat, Interview exclusive avec Dr. Samuel Ndayiragije : « La Biodiversité est en pleine Souffrance », 23.06.2020, in : https://www.iwacu-burundi.org/interview-exclusive-avec-dr-samuel-ndayiragije-la-biodiversite-est-en-pleine-souffrance/. Letzter Abruf am 05.10.2021.

[66] Burundi Nature Action, Stratégie pour la limitation de la pollution du Lac Tanganyika, Bujumbura, 2014, S. 31 in : https://www.birdlife.org/sites/default/files/attachments/strat_gie_pour_la_limitation_de_la_pollution_du_lac_tanganyika.pdf. Letzter Abruf am 05.10.2021.

[67] A.a.O., S. 32.

[68] Vgl. Nkurunziza, Christophe, Plus de 15 hippopotames ont été tués depuis 2016 au Burundi, 06.04.2018, in : https://www.voaafrique.com/a/plus-de-15-jippopotmes-abattues-depuis-2016-au-burundi/4335802.html. Letzter Abruf am 05.10.2021.

unerlässlich für die Menschen, aber sie haben auch einen Eigenwert in sich.[69] Wenn der Wert der Tiere und der anderen Biodiversität erkannt worden wäre, wären sie respektiert.

Die Biodiversität in Burundi läuft Gefahr, weil die Menschen sie nicht respektieren. Was der Umwelt schadet, schadet auch dem menschlichen Leben. Das wird im folgenden Punkt behandelt.

2.7 Konflikte, Kriege und ihre Auswirkungen

Der Mensch gehört auch zur Umwelt. Somit muss auch seine Lebensqualität betrachtet werden, um zu wissen, wie ihre Lage ist und wie ihre Beziehung zur Umwelt ist. Das wird im Folgenden gezeigt.

In Burundi wird die Situation des Menschen durch das soziale Verhalten bestimmt. Dieses Verhalten des Menschen hat Auswirkungen auf die Schöpfung, weil „alles miteinander verbunden ist." Zurzeit gibt es Konflikte und Kriege. Burundi hat seit seiner Unabhängigkeit mehrere Bürgerkriege erlebt.[70] Diese Kriege waren grausam, wie Erzbischof Simon Ntamwana erklärt; denn die Menschen in Burundi haben das Bild Gottes getrübt, indem sie gegen ihre Brüder aufstanden, die die einen in tausend Stücke zerschnitten und die anderen wild getötet haben.[71] Das zeigt, dass der Krieg ein Ausdruck der Missachtung der Würde der menschlichen Person, des Grolls und des Hasses gegenüber dem Nächsten ist.

Es gibt in Burundi drei Stämme: Tutsi, Hutu und Batwa. Diese Stämme haben sich während dieser Zeit immer wieder gestritten. Aber vor und während der Kolonialzeit hat es keine Kriege oder Konflikte zwischen Ethnien gegeben.[72] Die ethnische Zugehörigkeit wurde als Vorwand benutzt, damit die Menschen an die Macht gelangen oder dass sie daran festhalten.[73] Dann haben die Regierenden falsche Lehren gegeben und die Bevölkerung hat sich gespalten und sie haben sich gehasst. So sind die Konflikte und Kriege zwischen Ethnien entstanden.

---

[69] Vgl. Laudato Si, Nr. 33.

[70] Vgl. Maruhukiro D., (2020), A.a.O., S. 47-59.

[71] Vgl. Les Actes du premier Synode Diocésain de l'Archidiocèse de Gitega, les Déclarations, les Propositions et les Décrets, « convertissons-nous et engageons-nous à la consolidation de la paix et de la réconciliation », les Presses Lavigerie, Bujumbura, 2019, S. 11.

[72] Vgl. Maruhukiro, D., (2020), A.a.O., S. 145.

[73] A.a.O. S. 146

Die Kriege verursachen viele Umweltschäden. Abgesehen vom Sterben der Menschen, gibt es viele Flüchtlinge und traumatisierte Menschen. Die Armen leiden am meisten. Dazu kommen viele Tiere, die sterben oder fliehen müssen. Laut Kinezero Mathias wurden in Burundi während des Krieges 1993 mehr als 30.000 Kühe und viele Büffel, Antilopen, Flusspferde und viel mehr kleine Tiere getötet. Kinezero fügt hinzu, dass es Vegetationen und Wälder gibt, die verbrannt wurden, um die Feinde daran zu hindern, sich dort niederzulassen.[74]

 Die überlebenden Menschen flohen ins Ausland und die anderen versammelten sich an verschiedenen Orten im Land. Diese inneren Vertriebenen besetzten Orte, die nicht bewohnt waren. Diese Situation hat wiederum zur Abholzung und dann zur Zerstörung des Ökosystems geführt. Durch die Tatsache, dass es viele Menschen gab, die sich alle an einem kleinen Ort versammelt hatten, die manchmal auch mit ihren Rindern kamen, gab es Überweidungen an diesen Orten. Es gab auch Überfangen und Überfischung an anderen Orten und Gewässern, um etwas zu essen zu bekommen, denn während des Krieges war die Armut groß geworden.

Der Krieg verursachte die Verknappung der natürlichen Ressourcen. Zum Beispiel wurden 16% der natürlichen Aufforstungen durch den Krieg vernichtet.[75] Und diese Verknappung kann immer noch Kriege auslösen. In der Tat versuchen alle aus ihren armen Verhältnissen zu fliehen und besetzen jene Orte, die noch reich an natürlichen Ressourcen sind. In Burundi gibt es immer noch Konflikte zwischen den verschiedenen Nutzern natürlicher Ressourcen und den für den Schutz der Schutzgebiete zuständigen Stellen.

Nach der Betrachtung der Lage der Umwelt in Burundi, kommt die Frage, welche sind die Ursachen von diesen Umweltzerstörungen in Burundi? Im folgenden Kapitel wird es sich mit dieser Frage beschäftigt.

---

[74] Vgl. Kinezero, Mathias, les conséquences des guerres sur l'environnement : Quelle Leçon pour la Région des Grands Lacs 10.07.2017, in : Ethique et Société, Revue de réflexion morale, in : http://www.res.bi/fr/content/les-consequences-des-guerres-sur-l'environnement-quelle-lecon-pour-la-region-des-grands-lacs. Letzter Abruf am 05.10.2021.
[75] A.a.O.

3 Armut als Ursache der Umweltzerstörung

Während die Hauptursache der Umweltverschmutzung- und zerstörung in Industrieländern der Reichtum ist, ist die Armut in Burundi sowie auch in anderen armen Ländern die Hauptursache. Elisabeth Huber meint: „Die Menschen – und in diesem Fall geht es um arme Menschen in Entwicklungsländern- seien mitverantwortlich für die Umweltkrise, weil sie natürliche Ressourcen ausbeuten."[76] Auf der Umweltschutzkonferenz 1972 in Stockholm stellte die indische Ministerpräsidentin Indira Gandhi fest, dass die Armut der größte Umweltverschmutzer ist.[77]

Allerdings gibt es viele Sorten der Armut, und zwar die materielle Armut, die körperliche Schwäche, Isolation, Verletzlichkeit, Machtlosigkeit und die spirituelle Armut.[78] In diesem Abschnitt wird es um die materielle Armut gehen. Sie zeigt sich bei jenem, der „wegen Geldmangels nicht in der Lage ist, sich an anerkannten gesellschaftlichen Möglichkeiten beteiligen zu können und sich deswegen von dem ausgeschlossen fühlt, was sich -fast- alle andere leisten können."[79]

Nach Klaus Baumann bringt die Armut viele Schwierigkeiten mit, unter anderem eine schlechtere Gesundheit, längere Arbeitslosigkeit, die Beengtheit der Wohnsituation, die ungünstige Ausbildung, das Risiko des Verlusts des Arbeitsplatzes usw.[80] In diesem armen Land Burundi findet man alle solchen Einschränkungen. Die Frage ist: Inwiefern ist die Armut eine Ursache der Umweltverschmutzung in Burundi? Im Folgenden geht es um folgende Kriterien, und zwar: unzureichendes Einkommen, das Fehlen an Bildung, soziale Ungerechtigkeit und Mangel an Liebe und die Unfähigkeit an die zukünftige Generation zu denken.

---

[76] Huber, Elisabeth, Armut und Umweltschutz, Potenziale und Barrieren im urbanen Raum Westafrikas, transcript Verlag, Bielefeld, 2020, S. 24.

[77] Vgl. Gocht, Werner, Umwelt und Entwicklung, Armut als Ursache für Umweltschäden, S86 in: Daecke. S.M., (Hrsg) Ökonomie contra Ökologie? Wirtschaftliche Beiträge zu Umweltfragen, JB Metzler, 1995, S. 86-93. Google Scholar.

[78] Vgl. Eurich, Barth, Baumann, Wegner (Hrsg.), Kirchen aktiv gegen Armut und Ausgrenzung, Theologische Grundlagen und praktische Ansätze für Diakonie und Gemeinde, Kohlhammer, Stuttgart, 2011, S. 13-14.

[79] A.a.O., S. 13.

[80] Vgl. Baumann, Klaus, Lehrbrief 20, Diakonie als Wesensvollzug der Kirche, S. 10.

3.1 Unzureichendes Einkommen

2019 war Burundi das ärmste Land der Welt, wenn man die Armut am Bruttoinlandsprodukt pro Kopf und pro Jahr misst und dieses Bruttoinlandsprodukt war 269, 83 Dollar.[81] Erzbischof Simon Ntamwana stellt fest, dass die Armut immer mehr zunimmt.[82] Im Folgende handelt es sich um das unzureichende Einkommen der Burundier und um seine Auswirkung auf das Leben und die Umwelt.

Die Mehrheit der Burundier lebt von der Landwirtschaft. Laut eines Zivilgesellschaftsengagierten Bashirahishize Dieudonné ist diese Landwirtschaft immer noch archaisch, weil die Burundier immer noch Hacken für den Anbau verwenden.[83] In diesem Fall bleibt die Ernte klein. Man kann nicht sagen, dass die Landwirtschaft den Bauern, die sich darum kümmern, viel Einkommen verschafft, was dazu führt, dass sich die Bauern sehr selten entwickeln. Wenn sie es schaffen, das ganze Jahr zu essen zu haben, ist es schon genug für sie. Es gibt jedoch Menschen, denen es nicht gelingt, genügend Nahrung zu bekommen, das heißt, es gibt Menschen, die Hunger leiden.

Es gibt Regionen, die stark bevölkert sind, und andere, die weniger Bevölkerung haben. Diese bevölkerungsreichsten Regionen leiden unter Unterernährung und Hunger, weil die Felder für die Landwirtschaft immer unzureichender werden. Außerdem ist die Umwelt in diesen Regionen am stärksten geschädigt. In der Tat versucht jeder, sich und seine Familie vor dem Hunger zu retten, und dafür tut er alles, was möglich ist, erlaubt oder nicht, um die Hungersnot zu lindern. Deshalb gibt es in diesen Gebieten nur wenige Wälder, weil Bäume gefällt werden, um Ackerflächen zu vergrößern. " In diesen Fällen macht die Armut eine intensive und übermäßige Ausbeutung der Umwelt praktisch unvermeidlich."[84] Folglich werden die Tiere immer weniger, weil ihr Lebensraum systematisch zerstört wird. Die

---

[81] Vgl. Mendelson, Ben, Das sind die ärmsten Länder der Welt, 2021, in:
https://www.wiwo.de/politik/ausland/ranking-das-sind-die-aermsten-laender-der-welt/26792056.html. Letzter Abruf am 05.10.2021.
[82] Vgl. Les Actes du Premier Synode Diocésain de l'Archidiocèse de Gitega, (2019), A.a.O., S. 17.
[83] Vgl. Bashirahishize, Dieudonné, Burundi la nation prise en otage, Vérone, paris, 2020, S. 304.

[84] Kompendium der Soziallehre der Kirche, Nr. 482.

Folge ist, je mehr Bäume gefällt werden, desto mehr Erosion gibt es. Man bemerkt, dass später der Regen knapper wird und die Erde wird allmählich wegen der möglich längeren Trockenheit eine Wüste.

In den anderen Regionen, wo die Zahl der Einwohner nicht groß ist, gibt es auch Manchmal einen Mangel an Essen, weil die Menschen keine genügenden Dünger haben, oder sie wissen nicht, wie man natürliche Dünger schaffen kann. Daher verwenden die armen Menschen billigere chemische Düngemittel, weil sie diejenigen sind, die ihnen zugänglich sind. Freilich sind sie dieselben Mittel, die den Boden zerstören und Luft und Wasser verschmutzen, weil sie nicht perfektioniert sind. Die Situation des Hungers wird ernst. Es ist also ein Teufelskreis: Die Armut verursacht die Umweltzerstörung, und diese verschlimmert die Hungersnot. Nach Papst Franziskus ist die Tatsache, dass es Menschen gibt, die leiden und verhungern, ein Skandal.[85]

Wenn es Hunger gibt, gehen die Kinder nicht mehr zur Schule, weil sie nicht lernen können, ohne gegessen zu haben. Entweder bleiben sie zu Hause, um ihren Eltern beim Anbau oder bei der Pflege einiger Haustiere zu helfen, oder sie suchen sich einen kleinen Job, um bezahlt zu werden und die ganze Familie zu versorgen. Dafür gibt es Frühehen und immer größere Geburtsraten. Von der burundischen Kultur her heiraten die Menschen noch jung und sie gebären viele Kinder, weil die Kinder für eine Gabe Gottes und einen Segen für die Familien und die Menschheit gehalten werden. Dieses Phänomen lässt die Bevölkerung anwachsen und diese Bevölkerung, die nicht von der staatlichen Politik angenommen und betreut wird, kann ihre Lebensumstände nicht verbessern. Dies zeigt, dass die Armut zur Zunahme der Bevölkerung führt. In Burundi kann man feststellen, dass die Regionen, wo es viele Gebildete gibt, weniger Einwohner haben als die Regionen, wo es weniger Gebildete gibt (Ausnahmsweise in den Städten).

Es wurde schon gezeigt, dass die Überbevölkerung ein Problem für die Umwelt sein kann. Daher gibt es viele Ideologien, die manchmal gegen das Leben sind

---

[85] Vgl. Papst Franziskus, Botschaft zur Feier des XLVII. Weltfriedenstages, Brüderlichkeit-Fundament und Weg des Friedens, 01.01.2014, Nr. 9, in:
https://www.vatican.va/content/francesco/de/messages/peace/documents/papa-francesco_20131208_messaggio-xlvii-giornata-mondiale-pace-2014.html. Letzter Abruf am 05.10.2021.

und „anstatt die Probleme der Armen zu lösen und an eine andere Welt zu denken, haben einige nichts anderes vorzuschlagen als eine Reduzierung der Geburtenrate,"[86] so Papst Franziskus. In diesem Zusammenhang erklärt Papst Benedikt VXI., dass die Bevölkerung ein Reichtum ist. Denn "man darf auch nicht vergessen, dass seit dem Ende des Zweiten Weltkriegs bis heute die Erdbevölkerung um vier Milliarden zugenommen hat, und dass dieses Phänomen weitgehend Länder betrifft, die jüngst auf der internationalen Bühne als neue Wirtschaftsmächte erschienen sind und die gerade dank ihrer hohen Einwohnerzahl eine schnelle Entwicklung erlebt haben."[87] Somit ist es für ihn, weit davon entfernt, ein Armutsfaktor zu sein, wird die Bevölkerung zu einem Reichtum.[88]

Die Politik muss sich dafür engagieren, die Bevölkerung zu betreuen und ihr zu helfen, den Hunger zu vermeiden und das Einkommen zu erhöhen. Dann kann die große Zahl der Bevölkerung nicht mehr ein Problem sein, sondern eine Chance und darüber hinaus ein Reichtum. Zwar gibt es Regionen in Burundi, die die Überbevölkerung haben, aber es gibt andere, die weniger Bevölkerung haben, wie es schon gesagt wurde. Deshalb könnte die Regierung eine neue Organisation schaffen, dass es ein Gleichgewicht zwischen den Regionen gibt.

Darum wird in dieser Arbeit die hohe Zahl der Bevölkerung in Burundi nicht als Ursache der Umweltverschmutzung betrachtet. Trotzdem, ohne das Sakrament der Ehe zu behandeln, kann hier erinnert werden, dass die Eltern in Burundi ihre Aufgabe der verantwortlichen Elternschaft übernehmen sollten. Papst Paul VI. erklärt diese Aufgabe: „Im Hinblick schließlich auf die gesundheitliche, wirtschaftliche, seelische und soziale Situation bedeutet verantwortungsbewusste Elternschaft, dass man entweder nach klug abwägender Überlegung sich hochherzig zu einem größeren Kinderreichtum entschließt oder bei ernsten Gründen und unter Beobachtung des Sittengesetzes zur Entscheidung kommt, zeitweise oder dauernd auf weitere Kinder zu verzichten."[89]

---

[86] Laudato Si, Nr. 50.
[87] Papst Benedikt, Botschaft zur Feier des Weltfriedenstages, Die Armut bekämpfen, den Frieden schaffen 01.01.2009, Nr. 3, in: https://www.vatican.va/content/benedict-xvi/de/messages/peace/documents/hf_ben-xvi_mes_20081208_xlii-world-day-peace.html. Letzter Abruf am 05.10.2021.
[88] A.a.O.
[89] Humanae Vitae, Nr. 10.

Neben dieser Bevölkerungsgruppe, die von der Landwirtschaft lebt, gibt es noch Beamte des Staates oder anderer Organisationen. Die Mehrheit davon wohnt in Städten. Unter diesen Beamten haben die meisten ein kleines Einkommen. Mit diesen unzureichenden Löhnen leben sie von Bedingungen, die im Vergleich zu dem Zustand der Organisation der Stadt nicht günstig sind. Weil die Menschen ein kleines Gehalt haben, können sie das Notwendige nicht bezahlen, um den Wohnort besser zu machen. „Gleichzeitig sei also hier Armut weniger an den Zugang zu natürlichen Ressourcen als vielmehr an die Umweltschutzkosten gekoppelt, wie sie für die Entsorgung von Abfällen und Abwässern anfallen."[90] Die Bewohner am Rand der Städte, tragen dazu bei, dass die Umwelt oft verschmutzt wird, dadurch, dass es dort keine gute Organisation der Abfallentsorgung und des Abwassers gibt.

Als Energiequelle benutzen die Armen nur Holz, weil es ihnen an den ökonomischen Mitteln fehlt. Dann können sie sich weder die bestehende Energie noch die erneuerbare Energie leisten. Dies kann auf natürliche Weise zur Entwaldung führen, und diese hat einen weiteren großen Einfluss auf die Umwelt wie es schon gezeigt wurde.

Zum Wohnen bauen die Menschen Häuser, ohne den Standards zu folgen. Man baut nach seinen Möglichkeiten. Weil Holz das Material ist, das zur Verfügung steht, verwendet der arme Mensch nur dies. Es gibt Regionen, in denen für das Dach immer noch Gras verwendet wird. Abgesehen davon, dass diese Häuser prekär sind, werden diese Baumaterialien immer knapper. Es ist einerseits notwendig, die Wälder zu vervielfachen und zu schützen und andererseits, den Menschen bei der Entwicklung zu helfen, damit sie gute Lebensbedingungen haben können, und dafür können sie sich auch um den Schutz und die Verbesserung der Umweltbedingungen kümmern.

Insgesamt ist es für die Armen notwendig, nur an ihr Überleben zu denken, bevor sie an den Umweltschutz denken. Darum können sich die Armen nicht für den Umweltschutz einfach einsetzen. Daher ist ein armer Mensch gefährdet und kann auch seiner Umwelt schaden. Deshalb ist die Armut sowohl die Ursache der Umweltverschmutzung als auch die Folge der Umweltzerstörung. Das Kompendium der Soziallehre der Kirche sagt, dass diese Armut keinen

---

[90] Huber, E., (2020), A.a.O., S. 25.

vollendeten Humanismus, den die Kirche wünscht und weiterverfolgen wird, verwirklicht.[91] „Es steht ohnehin fest, dass jede Form von auferlegter Armut in einer mangelnden Achtung der transzendenten Würde der menschlichen Person wurzelt."[92] Deshalb ist die Armut zu bekämpfen und die Entwicklung zu fördern. Dann leistet man einen Beitrag zum Umweltschutz.

Die Armut ist nicht nur mit dem kleinen Einkommen verbunden, sondern auch mit dem Fehlen an Bildung. Das wird im folgenden Punkt gezeigt.

3.2 Das Fehlen an Bildung

Im Jahr 2005 wurde die kostenlose Schulbildung in Burundi angekündigt. Dann haben viele Kinder zur Schule gehen dürfen. Zurzeit ist die Schulbildungsquote hoch. Trotzdem ist die Quote der Alphabetisierung in Burundi noch unzureichend, da es eine große Zahl erwachsener Menschen gibt, die nicht alphabetisiert sind oder die keine ständige Ausbildung absolvieren. Im Folgenden wird gezeigt, wie es in Burundi an Bildung noch fehlt.

Das II. Vatikanische Konzil betont, dass jeder Mensch als Kind und als Erwachsener Bildung braucht. « Tatsächlich machen die Gegebenheiten unserer Zeit die Erziehung der Jugend, ja sogar eine stetige Erwachsenbildung (...) dringlicher."[93] Papst Benedikt stellt fest: "Der Analphabetismus stellt eine der größten Hindernisse für die Entwicklung dar. Das ist eine ebensolche Geißel wie die Pandemie. Gewiss, er tötet nicht direkt, doch trägt er aktiv zur Ausgrenzung der Person - einer Form gesellschaftlichen Todes ist – bei und macht den Zugang zum Wissen unmöglich"[94] (sic).

Deshalb ist es notwendig, diesen Mangel an Bildung zu bekämpfen, denn er "ist nicht weniger niederdrückend als der Hunger nach Nahrung: ein Analphabet ist geistig unterentwickelt. Lesen und Schreiben können, eine Berufsausbildung erwerben, heißt Selbstvertrauen gewinnen und entdecken, dass man zusammen mit anderen vorankommt."[95] Doch hindert das Fehlen an Ausgebildeten an der

---

[91] Vgl. Kompendium der Soziallehre der Kirche, Nr. 449.
[92] Papst Benedikt XVI, Weltfriedensbotschaft 01.01.2009, A.a.O., Nr. 2.
[93] Gravissimum Educationis, Vorwort.
[94] Africae Munus, Nr. 76.
[95] Populorum progressio, Nr. 35.

Entwicklung.[96] Insofern muss jeder Mensch über alles informiert und geschult werden, was ihm helfen kann, mehr zu sein, die Umgebung zu kennen, um zu seiner ganzheitlichen Entwicklung zu gelangen.

Über die Umwelt war man sich nicht immer bewusst, dass sie verschmutzt werden könnte. Denn „Umweltprobleme werden von Menschen stärker wahrgenommen, wenn es ihnen darum geht, einen früheren Zustand wieder herzustellen, d.h. einen Verlust an Umweltqualität rückgängig zu machen. Wenn hingegen kein Vergleich zu einem früheren Zustand des Wohnumfeldes gezogen werden kann, dann wird die Verschmutzung der Umwelt weniger stark wahrgenommen."[97]

In Burundi gibt es zwar Umweltschutzorgane, aber die Sensibilisierung ist nicht ausreichend. Die Menschen nehmen die Probleme wahr, die vom Klimawandel verursacht werden und sie betrachten sie als Katastrophe. Die meisten wissen nicht einmal, wie sie darauf reagieren können. Aufgrund dieses Mangels an Wissen verschmutzt die Bevölkerung weiterhin die Umwelt, ohne es zu wissen.

Bischof Venant Bacinoni sagt, dass die Ursachen des respektlosen Verhaltens gegenüber der Schöpfung zum einen der Mangel an Wissen ist, zum anderen die einige, die wissen, entweder engagieren sie sich nicht für den Umweltschutz, oder sie haben keinen Mut für die Sensibilisierung.[98] Das große Problem für den, der nicht informiert ist, ist, dass es ihm an notwendigen Informationen fehlen, um beurteilen zu können, was er tun könnte. Er weiß nicht, welche Handlungen zuerst der Umwelt und dann seiner Gesundheit schaden. Er ist moralisch nicht für seine Umweltverschmutzung verantwortlich, da er nicht informiert ist, trotzdem verschmutzt er die Umwelt weiter. Was helfen könnte, ist, Informationen für den Umweltschutz zu suchen und sie allen mitzuteilen.

Der Mangel an Wissen ist eine Art der Armut und die Armut ist auch eine Ursache und eine Folge der Ungerechtigkeit und des Mangels an Liebe in Burundi.

3.3 Soziale Ungerechtigkeit und der Mangel an Liebe

Im zweiten Kapitel wurden die Kriege, die Konflikte und ihre Auswirkungen erwähnt. Eine Frage ist, welche sind die Ursachen für solches Verhalten, in einem

---

[96] Vgl. Harerimana, Grégoire, A.a.O., S. 49.
[97] Huber, Elisabeth, (2020), A.a.O., S. 20.
[98] Vgl. Bacinoni, V., (2013), A.a.O., S. 3.

so kleinen Land wie Burundi, wo alle die gleiche Sprache sprechen und viele Dinge gemeinsam haben und sich alle als Brüder und Schwestern derselben Heimat betrachten sollten? Im Folgenden wird diese Frage beantwortet.

Erzbischof Simon Ntamwana weist auf eine Reihe dieser Ursachen: die interethnischen und regionalen Ausgrenzungen, die Armut und das Elend, die Langsamkeit des Entwicklungsprozesses und darüber hinaus die Ungerechtigkeit, die schlechten Teilungen des nationalen Erbes.[99] Im Grunde genommen liegt der Ursprung des Krieges im Herzen des Menschen, wie Papst Franziskus es ausdrückt: er (der Krieg) „entsteht im Herzen des Menschen, aus Egoismus und Stolz so wie aus dem Hass, der dazu drängt, zu zerstören, den anderen allein negativ zu sehen, ihn auszuschließen oder ihn auszulöschen. "[100]

Der Mangel an Liebe betrifft die Herzen und er hindert auch am Dienst für den Menschen und für die Umwelt. Denn wenn man seinen Nächsten nicht lieben und ihm nicht dienen kann, "wenn man schon in der eigenen Wirklichkeit den Wert eines Armen, eines menschlichen Embryos, einer Person mit Behinderung- um nur einige Beispiele anzuführen- nicht erkennt, wird man schwerlich, den Schrei der Natur selbst hören,"[101] so Papst Franziskus. Außerdem: wenn ich Gott nicht liebe, „wenn die Berührung mit Gott in meinem Leben ganz fehlt, dann kann ich im anderen immer nur den anderen sehen, und kann das göttliche Bild in ihm nicht erkennen,"[102] so Papst Benedikt XVI.

Diese Laster, die Kriege verursachen, zerstören zuerst die Person, die sie besitzt, und dann ihre Nächsten, und schließlich die Umwelt. Auch ist während des Krieges das Hauptanliegen nicht die Sorge um die Umwelt, sondern die Rettung seines eignen Lebens. Deshalb ist der Krieg nicht nur schädlich für das menschliche Geschöpf, sondern auch für die Umwelt, wie Papst Franziskus betont: "Krieg ist die Negierung aller Rechte und ein dramatischer Angriff auf die

---

[99] Vgl. Les actes du Premier Synode Diocésain de l'Archidiocèse de Gitega, A.a.O., S. 11-12.
[100] Papst Franziskus, Weltfriedenstag, 01.01.2020, Nr. 1, in: https://www.vatican.va/content/francesco/de/messages/peace/documents/papa-francesco_20191208_messaggio-53giornatamondiale-pace2020.html. Letzter Abruf am 08.11.2021.
[101] Laudato Si, Nr. 117.
[102] Papst Benedikt XVI, Deus Caritas est, 2005, Sekretariat der Deutschen Bischofskonferenz, (Hrsg.), Bonn, 2014. Nr. 18.

Umwelt."[103] Außerdem fügt Papst Benedikt hinzu: « Jede Verletzung der bürgerlichen Solidarität und Freundschaft ruft Umweltschäden hervor, so wie die Umweltschäden ihrerseits Unzufriedenheit in den sozialen Beziehungen auslösen."[104] Daraus ergibt sich eine Art Teufelskreis und eine Unfähigkeit, an die Zukunft zu denken.

3.4 Unfähigkeit an die zukünftigen Generationen zu denken[105]

In den Industrieländern ist der unmittelbare und überhöhte Konsum ein wichtiger Faktor für die Umweltverschmutzung, und er stellt eine Gefahr für die Schöpfung und für die nächste Generation dar. Diese „Konsum-kultur, die der Kurzfristigkeit und dem Privatinteresse den Vorrang gibt,"[106] kann sowohl eine Folge als auch eine Ursache des Egoismus sein. Man denkt nämlich nur an sich und vergisst, an die Armen und an die kommende Generation zu denken. Wenn der Konsum ein solches Hindernis ist, weil es viel zu konsumieren gibt, kann der Mangel an Essen auch zu verschiedenen Problemen in den armen Ländern führen. Ebenso denkt man nur an sich, weil man sein Leben retten möchte. Daher vergisst man, an die anderen und an die kommende Generation zu denken. Das ist das Thema, das im Folgenden zu behandeln ist.

Bischof Venant Bacinoni stellt fest, dass eine der Ursachen der Umweltzerstörung ist, nicht an seine Zukunft, an die Zukunft des Landes und an die Zukunft der Welt zu denken.[107] Darüber hinaus, fügt er hinzu, ist die Hauptursache, die Schöpfung nicht zu respektieren, nicht darauf zu achten, dass die zukünftigen Generationen auch Erben der Erde sind, dass sie die Erde immer noch schön finden dürfen, wie in dem Zustand, in dem Gott sie erschaffen hat, mit Pflanzen, von denen die Menschen sich ernähren können, mit Kräutern, die Haus- und Wildtiere fressen können, mit Bäumen und ihren schönen Früchten, mit Trinkwasserquellen,

---

[103] Papst Franziskus, Ansprache an die Organisation der Vereinten Nationen 25.09.2015, in https://www.vatican.va/content/francesco/de/speeches/2015/september/documents/papa-francesco_20150925_onu-visita.html. Letzter Abruf am 08.11.2021.
[104] Papst Benedikt XVI, Caritas in Veritate, 2009, Nr. 51.
[105] Laudato Si, Nr. 162.
[106] A.a.O, Nr. 184.
[107] Vgl. Bischof Bacinoni V., (2013), A.a.O., S. 3.

Flüssen und Seen, die keine kontaminierten Fische enthalten, mit Luft, die aus dem Atem kommt, den Gott der Erde eingehaucht hat.[108]

Für die Armen ist es nicht einfach, die Zukunft vorzubereiten. Weil sie kein tägliches Brot haben, können sie nicht bekommen, was sie für ihre Kinder ersparen könnten. Darüber hinaus können sie nicht auf das verzichten, was die Natur ihnen heute bietet, um es für die Zukunft zu behalten. Ein Kirundi-Sprichwort sagt es: „Ntawuraza ataraye" (niemand kann für morgen sparen, wenn er schon heute sterben könnte ‚wegen des Hungers').

Natürlich denken die Eltern an die Zukunft ihrer Kinder. Aber manchmal werden sie durch das soziale und politische System des Landes (Burundi) eingeschränkt. Eine Familie kann ihre Kinder zur Schule schicken, in der Annahme, dass das Kind am Ende des Studiums Arbeit haben wird. Aber im Moment stellt man fest, dass die meisten derjenigen, die die Ausbildung abgeschlossen haben, keine Arbeit finden. Im Jahr 2019 lag die Jugendarbeitslosigkeit in Burundi bei 65,4% in den Städten und bei 55,2% im ländlichen Raum;[109] und dies behindert die Zukunft dieser jungen Menschen,[110] die dem Land dienen und sich auf ihre Zukunft vorbereiten könnten.

Die Regierung sollte Arbeitsplätze schaffen. Es gibt jedoch keine klare Politik, die darauf abzielt, sie auf die Herausforderungen von Arbeitslosigkeit und Unsicherheit vorzubereiten.[111] Das zeugt davon, dass die Zukunft der Menschen in Gefahr ist. Wenn die Zukunft der heutigen Menschen in Gefahr ist, was könnte dann die Zukunft künftiger Generationen sein? Allerdings „muss sich die heutige Menschheit ihrer Pflichten und Aufgaben gegenüber den künftigen Generationen

---

[108] A.a.O., S. 4.

[109] Vgl. Bukuru, Pacifique, Taux de chômage des jeunes, 55,2% rural-65,4% urbain, l'agri-business, un moyen de sortie ? 02.07. 2019, in: https://www.jimbere.org/taux-chomage-burundi-jeunes-agri-business/. Letzter Abruf am 05.10.2021.

[110] Vgl. Banyankiye, Pierre Claver, chiffre alarmant sur le chômage des jeunes, 28.02.2018, in : https://www.iwacu-burundi.org/chiffre-alarmant-sur-le-chomage-des-jeunes/#:~:text=Aujourd'hui, %20il%20est%20évident%20que%20les%20jeunes%20burundais,montre%20l'absence%20de%20la%20politique%20d'emploi%20au%20Burundi. Letzter Abruf am 05.10.2021.

[111] Vgl. Bashirahishize, Dieudonné, (2020), A.a.O., S. 303.

bewusst sein."[112] Und Papst Benedikt XVI. betont, dass eine Solidarität, die sich in Zeit und Raum entfaltet, aufgrund der Umweltprobleme notwendig ist.[113]

Sowohl in den reichen Ländern als auch in den armen Ländern ist es dringend, dass die Menschen an die kommenden Generationen denken, indem sie sich den entsprechenden Herausforderungen stellen. „Unsere Unfähigkeit, ernsthaft an die zukünftigen Generationen zu denken, geht überdies mit unserer Unfähigkeit einher, die aktuellen Interessen auszuweiten und an jene zu denken, die von der Entwicklung ausgeschlossen bleiben."[114] Es ist eine Aufgabe der Burundier, darauf zu achten, dass sie den künftigen Generationen nicht ein trockenes Land oder ein schmutziges Land hinterlassen, sondern ein schönes Land mit dem gesunden Klima, wie es immer so war.

In diesem Kapitel ging es darum zu zeigen, wie die Armut ein wichtiger Faktor der Umweltverschmutzung in Burundi ist. Die Umwelt in Burundi sowie auch überall ist zu schützen. Weil es in dieser Arbeit um den Beitrag der Kirche und ihrer Caritas zur Bewahrung der Schöpfung geht, ist es nötig, die theologischen Gründe dafür zu zeigen. Das stellt den Inhalt des folgenden Kapitels dar.

4 Theologische Gründe

In den vorhergehenden Kapiteln ist der Begriff Umwelt (oder Natur), der oft verwendet wurde. Jetzt wird mehr der Begriff Schöpfung verwendet. Es gibt nämlich einen Unterschied zwischen den beiden Begriffen. Papst Franziskus zeigt diesen Unterschied: „Von Schöpfung zu sprechen ist für die jüdisch-christliche Überlieferung mehr als von Natur zu sprechen. Denn es hat mit einem Plan der Liebe Gottes zu tun.

Die Natur wird gewöhnlich als ein System verstanden, das man analysiert, versteht und handhabt, doch die Schöpfung kann nur als ein Geschenk begriffen werden, das aus der offenen Hand des Vaters aller Dinge hervorgeht als eine Wirklichkeit, die durch die Liebe erleuchtet wird, die uns zu einer allumfassenden

---

[112] Centesimus annus, Nr. 37.
[113] Vgl. Papst Benedikt XVI, Weltfriedenstag 01.01.2010, Nr. 8, in:
https://www.vatican.va/content/benedict-xvi/de/messages/peace/documents/hf_ben-xvi_mes_20091208_xliii-world-day-peace.html. Letzter Abruf am 05.10.2021.
[114] Laudato Si, Nr. 162.

Gemeinschaft zusammenruft."[115] Nicht zu vergessen ist, dass die Liebe ein Thema der Caritaswissenschaft ist. Deshalb ist es wichtig, dass über die Liebe in dieser Arbeit gesprochen wird. Im Folgenden betrachten wir folgende vier Punkte. Erstens Gott hat die schöne Schöpfung aus Liebe geschaffen. Zweitens, der Auftrag der Bewahrung der schönen Schöpfung als Liebesauftrag. Drittens, die Sünde als Ursache der individuellen, sozialen und ökologischen Krise. Viertens: die Erlösung der ganzen Schöpfung und die Grundlage der Individual- Sozial- und Umweltethik.

4.1 Gott hat die schöne Schöpfung aus Liebe geschaffen.

Ohne ausführlich von der Theorie der Kreation sprechen zu wollen, wird es in wenigen Zeilen gezeigt, dass Gott alles aus Liebe erschaffen hat. Alle Geschöpfe sind gut. Der Mensch ist Gottes Abbild und er ist auch zur Liebe berufen. Außerdem spiegeln Geschöpfe die Liebe Gottes wider. Im Folgenden handelt es sich um den liebenden Schöpfer, der die geliebte und schöne Schöpfung aus Liebe schafft.

Zunächst muss man wissen, dass andere Wissenschaften als Theologie andere Theorien des Ursprungs des Alls mit verschiedenen Phasen darstellen. Beispielsweise gibt es laut Grün und Boff verschiedene Phasen der Entwicklung von allem, was es gibt. Diese Phasen sind der kosmische Moment, der chemische Moment, der biologische Moment, der anthropologische Moment, der Moment der Geogesellschaft und der Moment des Ökozoikums.[116] Allerdings sind die Wissenschaftler sich einig, dass alles mit einer gewaltigen Explosion vom Urknall angefangen hat.[117]

Jedoch stellt die Bibel Gott als den Ursprung von allem dar, weil er alles erschaffen hat (vgl. Gn 1,1-31). Gott der Vater hat die Welt durch den Sohn im Heiligen Geist geschaffen.[118] „Ohne dieses Tun Gottes gäbe es nichts von all

---

[115] Laudato Si, Nr. 76.
[116] Vgl. Grün, A., Boff, L., Neu denken- eins werden, Gott erfahren im Menschen und in der Welt, Vier-Türme-Verlag, Münsterschwarzach 2017, S. 86-90.
[117] A.a.O., S. 86.
[118] Vgl. Ansorge, Dirk; Kehl, Medard, Und Gott sah, dass es gut war, eine Theologie der Schöpfung, 3., aktualisierte und erweiterte Auflage, Herder, Freiburg, 2018, S. 85.

dem, was unsere Welt ausmacht."[119] Dieser Gott ist Liebe (vgl. 1 Joh4,16). Nach Moltmann wird die Schöpfung von Gott nicht in der Absicht geschaffen, seine Allmacht zu demonstrieren, sondern er möchte seine voraussetzungslose Liebe mitteilen. Moltmann fügt hinzu, dass die Kreation „Creatio ex amore" ist.[120] Das heißt, die Schöpfung hat keinen anderen Ursprung als die Liebe Gottes.[121] Denn Moltmann fügt hinzu: „Im freien Überschwang seiner Liebe geht der ewige Gott aus sich heraus und schafft eine Schöpfung."[122] Daher kann seine Liebe in der Schöpfung, nach Papst Franziskus, entdeckt werden, weil diese Schöpfung von der Liebe geprägt worden ist und sie ein Ausdruck der grenzenlosen Zärtlichkeit Gottes uns gegenüber ist.[123]

Diese Liebe Gottes hat die Schöpfung als gut und schön geschaffen. Am Ende jeden Tages des Schöpfungswerkes hat Gott immer gesehen, dass es gut war (vgl. Gn 1,4). Und nachdem er den Menschen geschaffen hat, hat er gesehen, dass alles sehr gut war (vgl. Gn 1,31). Er sah alles mit seinen liebevollen Augen und seinem Geist, der am Anfang auf dem Wasser schwebte (vgl. Gn 1,2). Deshalb sieht er die gesamte Schöpfung: Personen, Dinge, Tiere, Pflanzen, Zeit und Raum,[124] dass sie schön ist. „Das deutsche Wort ‚schön' hat seine Wurzel im Wort ‚schauen.'"[125] Außerdem liebt Gott seine Schöpfung, wie es im Buch der Weisheit heißt: „Du liebst alles, was ist, und verabscheust nichts von allem, was du gemacht hast; denn hättest du etwas gehasst, so hättest du es nicht geschaffen" (vgl. Weish 11,24).

Den Menschen hat Gott als sein Abbild und ihm ähnlich geschaffen (vgl. Gn 1,26). Er hat in ihn den Lebenshauch geblasen, damit der Mensch lebendig wird (vgl. Gn 2,7). Papst Franziskus erklärt, dass wir das Schönste, das Größte und das Beste der Schöpfung sind.[126] Daher ist die Würde des Menschen unantastbar.[127] „Aus

---

[119] A.a.O., S. 38.

[120] Vgl. Moltmann Jürgen, Gott in der Schöpfung, Ökologische Schöpfungslehre, Chr. Kaiser, München, 1985, S. 88-89.

[121] Vgl. Greshake, Gisbert, Der Dreieine Gott, eine Trinitarische Theologie, Herder Freiburg, 1997, S. 228.

[122] Moltmann, J. (1985), A.a.O., S. 29.

[123] Vgl. Laudato Si, Nr. 84.

[124] Vgl. Papst Franziskus, Eine große Hoffnung, S. 127, in: Papst Franziskus, Unsere Mutter Erde, (2020), A.a.O., S. 115-128.

[125] Grün, A.; Boff, L., (2017), A.a.O., S. 65.

[126] Vgl. Papst Franziskus, Die Schöpfung als schönstes Geschenk Gottes, Generalaudienz, 21.05.2014, S. 48, in: Papst Franziskus, Unsere Mutter Erde, (2020), A.a.O., S. 48-50.

der transzendenten Herkunft und Gottbezogenheit des Menschen ergibt sich seine ‚unvergleichliche und unveräußerliche Würde'- das Fundament aller Menschenrechte. Darauf beruht die ganze personale Soziallehre der Kirche, nach welcher der oberste Grundsatz lautet: Der Mensch ist der Träger, Schöpfer und das Ziel aller gesellschaftlichen Einrichtungen."[128]

Der Mensch ist nämlich berufen, Liebe zu sein. Denn „das Ziel unserer Sehnsucht ist nicht, dass jemand uns so liebt, dass wir für immer ‚satt' sind, vielmehr ist das Ziel, dass wir nicht mehr nur lieben und geliebt werden, sondern Liebe sind."[129] Wenn man sich oder die Mitmenschen und auch die übrige Schöpfung liebevoll anschaut, sieht man, dass man selbst oder die anderen Menschen und die Schöpfung schön sind.[130] „Daher preisen wir Gott und danken ihm, dass er uns so viel Schönheit geschenkt hat."[131]

Weil die Liebe des liebenden Schöpfers der Ursprung von allem ist, was es gibt und macht, dass alles gut ist, wird die Liebe die Motivation, den Herrschaftsauftrag zu erfüllen.

4.2 Der Herrschaftsauftrag als Liebesauftrag für die Schöpfung

Es wird im Folgenden gezeigt, wie Gott, der im Menschen wohnt, dem Menschen den Herrschaftsauftrag gegeben hat und ihm dabei hilft, diese Aufgabe wahrzunehmen. Weil der Mensch auch Liebe ist und weil die Geschöpfe als seine Geschwister vor ihm schön sind, wird die Aufgabe leicht zu erfüllen sein.

Dank der Liebe schafft Gott im Menschen seine Wohnung. Denn „Wer mich liebt, der wird mein Wort halten und mein Vater wird ihn lieben und wir werden zu ihm kommen und Wohnung bei ihm machen" (Joh 14,23). Der Heilige Augustinus bestätigt, dass Gott zuinnerst im Herzen ist.[132] Der Mensch wohnt auch in Gott, weil die göttliche Liebe „ein Raum ist, in dem wir wohnen, bleiben, leben

---

[127] Vgl. Grundgesetz für die Bundesrepublik Deutschland, Artikel 1, §1.
[128] Ndabiseruye, Alphonse, (2009), A.a.O., S. 143.
[129] Grün. A., Boff, L., (2017), A.a.O., S. 57.
[130]A.a.O., S. 65.
[131] Papst Franziskus, Die Schöpfung als schöntes Geschenk Gottes, A.a.O., S. 48.
[132] Vgl. Augustinus Bekenntnisse, übersetzt von Joseph Bernhart, Nachwort und Anmerkungen von Hans Urs von Balthasar, Fischer Bücherei, Frankfurt am Main und Hamburg, S. 61.

können,"[133] wie Jesus dazu die Menschen einlädt, in seiner Liebe zu bleiben (vgl. Joh 15,9). Der liebende Schöpfer macht, dass alle Geschöpfe Geschwister einander sind, wie Papst Franziskus feststellt: „Alle Menschen sind als Brüder und Schwestern gemeinsam auf einer wunderbaren Pilgerschaft, miteinander verflochten durch die Liebe, die Gott für jedes seiner Geschöpfe hegt und die uns auch in zärtlicher Liebe mit ‚Bruder Sonne', ‚Schwester Mond', Bruder Fluss und ‚Mutter Erde' vereint."[134] Dann kann von einer „Schöpfungsgemeinschaft," „Schöpfungssolidarität" und „Schöpfungsliebe" zwischen den Geschöpfen gesprochen werden.[135] Laut Papst Franziskus sind wir nämlich durch unsichtbare Bande verbunden und wir bilden alle gemeinsam eine Form universaler Familie.[136]

Wegen der Gegenwart Gottes gibt es zwischen Gott und dem Menschen einen immerwährenden Dialog, wie bei jeder Gegenwart eines Menschen gegenüber einem anderen, weil unsere Identität fähig dafür ist.[137] In diesem Dialog sagt Gott sein Wort zu den Menschen und der Mensch antwortet Gott.

Durch diesen Dialog hat Gott dem Menschen verkündet, welche seine Aufgabe gegenüber der Schöpfung seiner Schwester ist, und zwar die Schöpfung zu bewahren (vgl. Gn1,28). Dieser Auftrag der Schöpfungsbewahrung sollte nur im Dienst des Guten sein, weil er ein Segen ist.[138] Der Mensch „ hat damit die Verantwortung und die Verpflichtung , zugleich aber auch das Recht, im Geiste Gottes, des Schöpfers, über Natur und Kreatur zu herrschen: Das bedeutet nicht nur in einem engen Verständnis Bewahrung der Schöpfung, sondern alles, was die Menschen in diesem Sinne tun, um den gesamten nicht-göttlichen Raum, d.h. Natur und Kultur, Welt und Gesellschaft, zu gestalten, ist Ausdruck der Erfüllung dieses Auftrags."[139]

---

[133] Grün, A., Boff, L., (2017), A.a.O., S. 58.
[134] Laudato Si, Nr. 92.
[135] Vgl. Ansorge, D., Kehl, M., (2018), A.a.O., S. 428-429.
[136] Vgl. Laudato Si, Nr. 89.
[137] A.a.O., Nr. 81.
[138] Vgl. Nothelle-Wildfeuer, U., Grundelemente einer christlichen Schöpfungskonzeption im Ausgang von der Enzyklika Laudato Si, S. 158, in Schöpfung, Miteinander leben im Gemeinsamen Haus, Klaus Krämer, Klaus Vellguth (Hg.), Herder, Freiburg, S. 148-158, in: https://www.missio-hilft.de/missio/informieren/wofuer-wir-uns-einsetzen/weltweit-vernetzte-theologie/thew/11/ThEW11_3.1.Ursula-Nothelle-Wildfeuer.pdf. Letzter Abruf am 29.09.2021.
[139] Nothelle-Wildfeuer, U., Zur Theo-logik der christlichen Sozialethik, S. 150, in: Klaus Baumann (Hg.), Theologie der Caritas, Grundlagen und Perspektiven für eine Theologie, die dem Menschen dient, Festschrift für Heinrich Pompey aus Anlass seines 80.

Diese Verantwortung für Gottes Schöpfung soll vom Menschen übernommen werden.[140] „Dazu bedarf es darüber hinaus der menschlichen Weisheit, die den Herrschaftsauftrag Gottes nicht als Befehl und Verpflichtung von oben und von außen missversteht, sondern ihn als ein inneres Moment des personalen Anrufs entgegennimmt: als Wort des liebenden Zutrauens Gottes, das er nicht enttäuschen darf, mit dem er sich vielmehr zuinnerst ins Einvernehmen stehen muss.“[141]

Weil der Herrschaftsauftrag ein Wort der Liebe ist, schreibt er dem Menschen nichts Unmögliches vor und Gott selbst hilft dem Menschen seine Aufgabe zu erfüllen, weil Gott den Menschen liebt. Denn „der Herr, der sich als Erster um uns sorgt, lehrt uns, uns um unsere Brüder und Schwestern und um die Umwelt zu kümmern, die er uns jeden Tag schenkt.“[142] Dieser Auftrag bedeutet, die Welt am Leben zu erhalten und das heißt „ihr die Ausrichtung und das Streben nach einem ständigen Überschreiten ihrer Grenzen bis ins Ungeschaffene hinein zu bewahren, festzuhalten an ihrem äußersten Endziel, nämlich Gott, und an der Gemeinschaft mit Gott; heißt im Glauben beharren.“[143]

Weil Gott die Menschen liebt, kann er ihnen nur Liebe auftragen. Außerdem kann die Liebe „geboten“ werden, weil sie zuerst geschenkt wird.[144] Dann ist sein Auftrag realisierbar. Daher ist die Aufgabe des Menschen gegenüber der übrigen Schöpfung, sie zu lieben. Das heißt, sie zu bebauen und zu hüten (vgl. Gn 2,15). Papst Franziskus erklärt, was die zwei Verben bedeuten. „während ‚bebauen‘ kultivieren, pflügen oder bewirtschaften bedeutet, ist mit ‚hüten‘ schützen, beaufsichtigen, bewahren, erhalten, bewachen gemeint.“[145] Ins Herz jedes Menschen ist dieser Auftrag der Liebe und der Bewahrung der Schöpfung geschrieben, wie jedes Gebot (vgl. Jer 31,33). Darum ist es unvermeidlich und obligatorisch, die Schöpfung zu bewahren.

Geburtstages, Studien zur Theologie und Praxis der Caritas und Sozialen Pastoral 31, Echter, Würzburg, 2017, S. 141-160.
[140] Vgl. Ansorge, D., Kehl, M., (2018), A.a.O., S. 276.
[141] A.a.O., S. 277.
[142] Querida Amazonia, 2020, Nr. 41.
[143] Neue Summe Theologie 2, die neue Schöpfung (Hg) Peter Eicher, Herder, Freiburg, 1989, S. 441.
[144] Vgl. Deus Caritas est, Nr. 14.
[145] Laudato Si, Nr. 67.

Die Schöpfung zu schonen und sie zu Gott zu führen ist es für den Menschen die Erfüllung seiner Berufung. Denn „der Mensch selbst ist erschaffen worden, um Gott zu dienen, ihn zu lieben und ihm die ganze Schöpfung darzubringen."[146] Allerdings ist die Realität nicht stets so gewesen. Der Mensch hat Gott nicht immer gehorcht. Er hat sogar gegen seine Liebe gehandelt, dadurch, dass er gesündigt hat. Das ist das Thema des nächsten Punktes.

4.3 Die Sünde als Ursache der individuellen, sozialen und ökologischen Krise

In diesem Abschnitt ist zu sehen, wie die Sünde den Menschen und der ganzen Schöpfung geschadet hat. Die Liebe wurde auch verzerrt. Die menschliche, soziale und ökologische Krise hat hier auch ihren Ursprung.

4.3.1 Die Ursünde als Ungehorsam gegen das Gesetz und die Liebe Gottes

Nach der Erschaffung des Menschen hat Gott ihm ein Verhalten bestimmt, damit der Mensch in der Liebe Gottes, in seiner Beziehung zu ihm und im Frieden bleibt. Das ist der Sinn der Gebote Gottes. Diese Gebote von Gott sind aus Liebe gegeben und sie sind auch Liebe. Und „Liebe drückt sich ebenfalls darin aus, dass wir Jesu Gebote halten, das klingt für uns nicht so einladend. Aber es meint, dass die Liebe sich zeigen soll in einer ganz bestimmten Haltung anderen Menschen gegenüber, ja, dass die Liebe auch eine Ordnung braucht."[147] Laut Papst Johannes Paul II ist die Treue zu den Geboten sehr wichtig. Denn „die sichtliche Qualität menschlichen Handels hängt von dieser Treue zu den Geboten ab, die Ausdruck von Gehorsam und Liebe ist."[148]

Neben den Geboten gibt es auch Verbote. Gott hat den Menschen verboten, vom Baum der Erkenntnis des Guten und des Bösen zu essen (vgl. Gn 2,17). Wenn er davon essen sollte, müsste er sterben (vgl. Gn 2,17). Allerdings hat der Mensch den immerwährenden Dialog mit Gott unterbrochen und ist mit dem Bösen in

---

[146] Katechismus der Katholischen Kirche, Nr. 358.
[147] Grün, A., Boff, L., (2017), A.a.O., S. 58.
[148] Veritatis Splendor, Nr. 82.

Dialog eingetreten (vgl. Gn 3,1-5). Dann hat er die Schöpfung anders als vorher gesehen (vgl. Gn 3,6). Grün und Boff erklären das Wort Jesu über das Auge als Licht unseres Körpers und zeigen, wie das Auge böse sein kann. „Wenn dein Auge gesund (griech. Haplous=einfach) ist, dann wird auch dein ganzer Körper hell sein. Wenn es aber krank (griech. Poneros= böse) ist, dann wird dein Körper finster sein.“[149] Die Augen der Menschen sind dann böse geworden und die Menschen haben dem Bösen gehorcht, anstatt dem Gott der Liebe zu gehorchen.

Folglich ist die Sünde in die Welt gekommen und alle Menschen wurden angesteckt. Diese Ursünde „ist eine Sünde, die durch Fortpflanzung an die ganze Menschheit weitergegeben wird, nämlich durch die Weitergabe einer menschlichen Natur, die der ursprünglichen Heiligkeit und Gerechtigkeit ermangelt.“[150] Papst Johannes Paul II. beschreibt die dramatische Situation der Ursünde: „In der Geschichte vom Garten Eden wird der innerste und dunkelste Kern der Sünde in seiner ganzen Ernsthaftigkeit und Dramatik sichtbar: der Ungehorsam gegen Gott, gegen sein Gesetz, gegen die moralische Norm, die er dem Menschen ins Herz geschrieben und mit seiner Offenbarung bestätigt und vervollkommnet hat.“[151]

Dieses Böse ist keine Schöpfung Gottes, weil Gott weder Gott des Bösen noch einen Gegengott geschaffen hat.[152] Gott ist unendlich gut und alles, was er erschaffen hat, ist gut.[153] Das Böse fängt mit der Freiheit des menschlichen Willens an, der sich in der Sünde von Gott abkehrt.[154] Denn es gibt in jedem Menschen eine tiefe Neigung zum Bösen.[155] Im Katechismus der Katholischen Kirche wurde gezeigt, wie die Sünde sich gegen die Liebe Gottes zu uns auflehnt und unsere Herzen von Gott abwendet.[156] Denn die Definition einer Sünde bedeutet in ihrer Schwere, sich in den Bruch der Liebe mit Gott zu begeben.[157]

---

[149] A.a.O., S. 74.

[150] Katechismus der katholischen Kirche, Nr. 404.

[151] Reconciliatio et Paenitentia, Nr. 1.

[152] Vgl. Joseph Ratzinger Benedikt XVI, Gott und die Welt, die Geheimnisse des christlichen Glaubens, Ein Gespräch mit Peter Seewald, Deutsche Verlags-Anstalt, München, 2005, S. 107.

[153] Vgl. Katechismus der katholischen Kirche, Nr. 385.

[154] Vgl. Ansorge, D., Kehl, M., (2018), A.a.O., S. 227.

[155] A.a.O.

[156] Vgl. Katechismus der katholischen Kirche, Nr. 1850.

[157] Vgl. Revol, Fabien, l'écologie intégrale, une question de conversions, Editions des Béatitudes, 2020, S. 47.

Weil diese Situation der Sünde nicht nur die ersten Menschen betrifft, sondern auch die aktuellen, zeigt Papst Johannes Paul II., wie die Menschen Gott auch heute verneinen können: „Ausschluss Gottes, Bruch mit Gott, Ungehorsam gegen Gott: das war und ist die Sünde in der ganzen Menschheitsgeschichte, in ihren verschiedenen Formen bis hin zur Verneinung Gottes und seiner Existenz. Das ist die Wirklichkeit, die Atheismus genannt wird."[158]

4.3.2 Die Sünde als Ursache der individuellen Krise

Die Konsequenz der Sünde „im Sinne einer aktiven Trennung von Gott ist die Entfremdung, das heißt die Abspaltung des Menschen nicht nur von Gott, sondern auch von sich selbst, von den anderen Menschen und von der Welt, die ihn umgibt"[159] Dann ist das Abbild Gottes verschmutzt worden, das heißt die Liebe Gottes im Menschen wurde geändert und auch verzerrt. Der Mensch fühlt sich nicht mehr bei Gott wohl, wie am Anfang. Deshalb ist der Mensch vor Gott geflohen, obwohl Gott die gleiche Liebe geblieben ist. Gott ist zwar allmächtig, aber „die unendliche Macht Gottes führt uns nicht dazu, vor seiner väterlichen Zärtlichkeit zu fliehen, denn in ihm sind liebevolle Zuneigung und Kraft miteinander verbunden."[160] Das menschliche Herz ist unrein geworden. Dann kann dieses Herz nicht mehr als am Anfang sehen. Das „Urschöne" (Gott) können die Sünder nicht mehr sehen.

Was kann der Mensch das Abbild Gottes ohne Gott seinen Schöpfer sein? „Das Geschöpf sinkt ohne den Schöpfer ins Nichts."[161] Nach dem Sündenfall sieht sich der Mensch selbst anders. Darum sieht er sich in seiner Nacktheit (vgl. Gn 3,10). Der Mensch hat keinen Frieden mehr und hat sich verstecken müssen (vgl. Gn 3,8). „Jede Situation der Sünde beginnt in der Person dessen, der die Sünde begeht."[162] Der Mensch kann nämlich seine Freiheit falsch gebrauchen und gegen Gott handeln. „Nur in Kenntnis dessen, wozu Gott den Menschen bestimmt hat,

---

[158] Reconcilatio et Paenitentia, Nr. 14.
[159] Kompendium der Soziallehre der Kirche, Nr. 116.
[160] Laudato Si, Nr. 73.
[161] Gaudium et Spes, Nr. 36.
[162] Kompendium der Soziallehre der Kirche, Nr. 117.

erfasst man, dass die Sünde ein Missbrauch der Freiheit ist, die Gott seinen vernunftbegabten Geschöpfen gibt, damit sie ihn und einander lieben können."[163]

4.3.3 Die Sünde als Ursache der sozialen Krise

Die Sünde hat bewirkt, dass der Mensch seinen Nächsten anders als vor dem Sündenfall sieht. Gott hat dem Menschen eine Hilfe gegeben, und zwar Eva, seine Frau. Der Mensch hat sich über sie gefreut und gesagt: „Das ist Bein von meinem Bein und Fleisch von meinem Fleisch" (vgl. Gn 2,23). Dieses Wundern zeigt, dass sie eins sind. Aber nach der Sünde hat der Mensch die Würde und die Schönheit seiner Frau nicht mehr erkannt und hat sie angeklagt (vgl. Gn 3,12). Die Spaltung zwischen den Menschen fing an. Und diese Spaltung ging weiter zu den Kindern Adams und Evas, bis der eine seinen Bruder totgeschlagen hat. (Gn 4,8)

Nach Papst Franziskus „zeigt sich die Sünde heute mit all ihrer Zerstörungskraft in den Kriegen, in den verschiedenen Formen von Gewalt und Misshandlung, in der Vernachlässigung der Schwächsten."[164] Diese Sünde ist die Ursache des Unrechts und hat die Geschwisterlichkeit und die Gerechtigkeit zerstört. Die Rolle der Kirche ist hier „Liebe, Gerechtigkeit, Friede"[165] und die Versöhnung zu lehren, denn so Papst Franziskus: „Wenn die Gerechtigkeit nicht mehr im Lande wohnt, dann (…) ist das gesamte Leben in Gefahr."[166]

4.3.4 Die Sünde als Ursache der Umweltkrise

Die Erde wurde auch von der Sünde betroffen, indem der Acker verflucht wurde (vgl. Gn 3,17). So wurde die Schönheit der Welt wegen der Sünde verschmutzt. Bischof Venant Bacinoni stellt fest, dass, wenn der Mensch es wagt, sich Gott zu verweigern, kann ihn nichts hindern, die Schöpfung zu zerstören.[167] Deswegen hat

---

[163] Katechismus der Katholischen Kirche, Nr. 387.
[164] Laudato Si, Nr. 66.
[165] Papst Franziskus, Das menschliche Leben hüten, den Planeten hüten, Ansprache an die Vollversammlung der FAO aus Anlass der Zeiten Welternährungskonferenz, 20.11.2014, S. 55, in: Papst Franziskus, unsere Mutter Erde, A.a.O., S. 55-58.
[166] Laudato Si, Nr. 70.
[167] Vgl. Bischof Bacinoni, V, (2013) A.a.O., S. 5.

die Sünde bewirkt, dass sich die ursprünglich harmonische Beziehung zwischen den Menschen und der Schöpfung in eine Kontroverse verwandelt hat.[168]

Die Haltung des Menschen gegenüber der Erde sollte auch Liebe sein. Aber stattdessen haben die Menschen die Erde egoistisch ausgebeutet. Dann sagt Papst Franziskus, die Erde „'zu stark' zu bebauen -das heißt sie kurzsichtig und egoistisch auszubeuten- und kaum zu hüten, ist Sünde."[169] Ohne die Liebe kann man die Welt nicht behüten. Denn „'dass Menschen die biologische Vielfalt in der göttlichen Schöpfung zerstören; dass Menschen die Unversehrtheit der Erde zerstören, indem sie Klimawandel verursachen, indem sie die Erde von ihren natürlichen Wäldern entblößen oder ihre Feuchtgebiete zerstören; dass Menschen (…) die Gewässer der Erde, ihren Boden und ihre Luft mit giftigen Substanzen verschmutzen -all das sind Sünden."'[170] Um den Dienst der Buße in angemessener Weise zu erfüllen, ist es auch notwendig, mit den »erleuchteten Augen «des Glaubens die Folgen der Sünde zu erwägen, die ja Anlass sind für Trennung und Zerrissenheit nicht nur im Innern jedes Menschen, sondern auch in seinen verschiedenen Lebensräumen, in Familie und Umwelt."[171]

Zum Glück ist das Böse nicht unbesiegbar, da für den Herrn nichts unmöglich ist (vgl. Lk 1,37), und da für den Gläubigen alles möglich ist (vgl. Mk 9,23). Der Erlöser hat schon die Sünde und den Tod besiegt und uns erlöst, dann können die Menschen eine neue Fähigkeit zur Liebe haben. Darum geht es im nächsten Punkt.

4.4 Die Erlösung der ganzen Schöpfung als Grundlage der Individual-, Sozial- und Umweltethik

Nach dem Sündenfall hat Gott die Menschen erlösen wollen. Darum hat er seinen Sohn in die Welt gesandt, um die ganze Schöpfung zu retten. Die Liebe zur Schöpfung ist die Motivation, das Mittel und das Ziel dazu. Dann kann die Harmonie mit allem wiederhergestellt werden. Alle sozialen Prinzipien und die

---

[168] Vgl. Laudato Si, Nr. 66.
[169] Papst Franziskus, Erwiesen wir unserem gemeinsamen Haus Barmherzigkeit, Botschaft zum Weltgebetstag für die Bewahrung der Schöpfung 2016, S. 66, in: Papst Franziskus, Unsere Mutter Erde, A.a.O., S. 63-74.
[170] A.a.O.
[171] Reconciliatio et Paenitentia, Nr. 13.

Leidenschaft zum Umweltschutz finden hier ihren Grund. Das wird im Folgenden gezeigt werden

4.4.1 Die Erlösung, Werk der Liebe

Im Johannes Evangelium liest man, dass Gott die Welt geliebt hat, sodass er seinen einzigen Sohn hingegeben hat (vgl. Joh 3,16). Gott hat die Welt geschaut und das Elend seines Volkes gesehen (vgl. Ex, 3,7). Er hat gesehen, wie die Welt wegen des Elends und der Sünde leidet und hat sie retten wollen. Seine Liebe zu den Menschen und zur gesamten Schöpfung konnte ihn nicht in Ruhe lassen, bis er die Menschen und die ganze Welt wieder gut und schön macht.

Der Sohn Gottes liebt die Menschen als seine Brüder und Schwestern, wie der Vater ihn geliebt hat (vgl. Joh 15,9) Diese Liebe Jesu zu den Menschen bis zum Ende (vgl. Joh 13, 1) „gibt dem Opfer Christi seinen Wert und bewirkt, dass es erlöst und wiedergutmacht, sühnt und Genugtuung leistet."[172] In diesem Sinn hat Jesus der Welt die väterliche Liebe und seine Zärtlichkeit gezeigt und ihr die Urschönheit wiedergeschenkt.

Um uns und die Welt zu erlösen, hat sich der Sohn Gottes mit uns und mit der Welt vereinigt. Denn „geboren aus Maria, der Jungfrau, ist er in Wahrheit einer aus uns geworden in allem uns gleich außer der Sünde"[173] (sic). Dazu hat er die Elemente der Schöpfung gebraucht. Er hat den menschlichen Körper angenommen und dieser Körper ist aus Erde (vgl. Gn 2,7). J

esus Christus, der Sohn Gottes und der Menschensohn hat in einem Zeitraum auf der Erde gelebt. Bei seiner Geburt haben ihn die Kleinen empfangen. Es waren die Hirten, abgesehen von seiner Familie, Maria und Josef (vgl. Lk 2,16). Die Überlieferung stellt fest, dass einige Tiere bei seiner Geburt da waren. Das ist ein Zeichen, dass die ganze Schöpfung ihn empfangen hat. Er hat unsere Luft geatmet, er hat von unseren Lebensmitteln gegessen, er hat von unserem Wasser getrunken. So hat er gezeigt, wie alles und besonders die Kleinen und die ganze Schöpfung wertvoll sind. „Die Armen, Mühseligen und Beladenen sind für Jesus

---

[172] Katechismus der Katholischen Kirche, Nr. 616.
[173] Gaudium et Spes, Nr. 22.

der Ort der Gottesbegegnung, sie sind der Ernstfall der Gottesliebe,"[174] so Walter Kaspar. Zu den Armen zählt auch heute die Schöpfung, weil ihr geschadet wird.

Das ganze Leben Jesu war Liebe. Diese seine Liebe hat er durch den Liebesdienst gezeigt. „er hat alles wohl gemacht, die Tauben macht er hörend und die Sprachlosen redend" (vgl. Mk 7,37). Damit ist er für uns ein Beispiel und hat einen Weg gebahnt, damit wir ihm nachfolgen.[175] Er hat gezeigt, was die Materie zählt. Durch seine Predigt hat Jesus Christus gezeigt, wie der Vater sich um die Tiere kümmert (vgl. Mt 6,26). Jesus war oft in Kontakt mit der Schöpfung und hatte einen „konkreten und liebevollen Beziehung zur Welt."[176] Diese seine Taten können auch heute immer mehr die Taten von der Kirche und von ihrer Caritas sein.

Als Sohn Gottes hat er seinem Vater immer gehorcht, bis zum Tod am Kreuz (vgl. Ph 2,8). So hat er unseren Tod vernichtet. Der Baum, der am Anfang eine Ursache des Sündenfalls und der Spaltung gewesen ist, ist bei der Erlösung ein Mittel des Heils geworden. In diesem Sinn ist die Schöpfung ein Werkzeug bei der Erlösung gewesen. Bei seinem Tod hat die Schöpfung stark reagiert. Plötzlich ist es dunkel geworden (vgl. Mt 27,45). Außerdem hat die Erde gebebt (vgl. Mt 27,51).

Nach seinem Tod ist Jesus ins Grab hingelegt worden. Die Erde, als seine Schöpfung nimmt ihn auf. Er, der keine Sünde begangen hat, wurde für uns zur Sünde gemacht (vgl. 2 Kor 5,21), um uns Sünder zu retten. Sein Blut hat unsere Schuld bezahlt und hat die Welt mit Gott versöhnt, durch „das Blut (…), das für viele vergossen wird zur Vergebung der Sünden" (Mt 26,28). Denn nach Papst Johannes Paul II.: „Das Kreuz auf dem Kalvarienberg, durch das Jesus Christus-Mensch, Sohn der Jungfrau Maria, vor dem Gesetz Sohn des Josef von Nazareth-diese Welt ‚verlässt', ist zur gleichen Zeit eine neue Manifestation der ewigen Vaterschaft Gottes, der sich in ihm erneut der Menschheit und jedem Menschen nähert."[177]

Diese Liebe des Vaters „ist vor allem größer als die Sünde, als die Schwachheit und die Vergänglichkeit des Geschaffenen, stärker als der Tod, es ist eine Liebe,

---

[174] Walter, Kaspar, Gott der Schöpfer und Vollender, Herder, Freiburg, 2017. S. 293.
[175] Vgl. Gaudium et Spes, Nr. 22.
[176] Laudato Si, Nr. 100.
[177] Redemptor hominis, Nr. 9.

die stets bereit ist, aufzurichten und zu verzeihen.“[178] Dann hat sein Vater ihn auferweckt. Bei der Auferstehung hat wieder die Erde gebebt (vgl. Mt 28,2). Jesus ist mit seinem Leib erstanden und um zu zeigen, dass er einen wirklichen Körper hatte, hat er etwas gegessen (vgl. Lk 24,43). In diesem Sinn ist es zu sehen, dass die Schöpfung wieder geschätzt wird.

4.4.2 Die Erlösung als Grundlage der Individualethik

Durch die Erlösung hat Jesus den Menschen mit Gott versöhnt. Der Mensch hatte sich Gott verweigert und hat gesündigt. Diese Sünde hat die Würde des Menschen verunstaltet und seine Liebe verschandelt. Dank der Liebe Gottes zum Menschen hat Jesus den Menschen wieder zum Kind Gottes durch sein kostbares Blut gemacht. Er ist selbst unsere Versöhnung beim Vater (vgl. Röm 5,11). Der Mensch kann von dieser Zeit an Gott lieben und ihm gehorchen. Er kann wieder in die Gemeinschaft mit Gott eintreten und die Beziehung zu Gott ist wieder erneuert. Die Menschen können Gott wieder schauen und ihn Vater nennen. Daher haben die Menschen wieder die Würde, und alle haben die gleiche Würde, die die Sünde verunstaltet hatte.

Die Versöhnung mit Gott ist für den Menschen eine Quelle der Versöhnung mit sich selbst. Als der Mensch gesündigt hatte, hatte er keinen Frieden mehr. In ihm hat die Spaltung geherrscht. Jesus hat die Sünde der Menschen gelöscht und hat gemacht, dass der Mensch mit sich selbst versöhnt ist und wieder die Freiheit, den inneren Frieden und die Liebe hat. Hier findet die Individualethik ihr Fundament. Ohne Liebe ist der Mensch nicht in der Lage zu leben.[179]

Die Versöhnung mit sich selbst schafft ihm das Einssein mit sich selbst.[180] Diese Einheit mit uns selbst erreichen wir, „wenn wir wie Jesus hinabsteigen in die Tiefen unseres Unbewussten.“[181] Dann können die Menschen damit mit ihrem Leben einverstanden sein, weil es nichts mehr in ihnen gibt, das Gott nicht berührt und seine Liebe nicht durchdringt.[182] Meister Eckhart, von Grün und Boff zitiert, erklärt, wie die Einheit des Menschen mit sich selbst sich darauf gründet, dass der

---

[178] A.a.O.
[179] Vgl. Redemptor hominis, Nr. 10.
[180] Vgl. Grün, A., Boff, L., (2017), A.a.O., S. 44.
[181] A.a.O., S. 45.
[182] A.a.O., S. 47.

Mensch lediglich Gott schaut.[183] Wenn der Mensch den Frieden wieder findet, kann er in Harmonie mit den anderen Menschen sein.

4.4.3 Die Erlösung als Grundlage der Sozialethik

Die Erlösung hat die Menschen miteinander versöhnt. Nach der Sünde hatte es Spaltungen zwischen den Menschen gegeben und der Tod Jesu am Kreuz hat diese Spaltungen überwunden und die Menschen miteinander vereinigt. „Es gibt nicht mehr Juden und Griechen, nicht Sklaven und Freie, nicht Mann und Frau: denn ihr alle seid ‚einer' in Christus" (vgl. Gal 3,28). Walter Kaspar erklärt, wie Gott die Menschen versöhnen kann. „Nur weil Gott in sich Liebe zwischen Ich, Du und Wir ist, kann er sich in Liebe uns zuwenden, uns als Du ansprechen, und uns zu einem Wir machen. Indem Gott dies tut, versöhnt er die Menschen (…) untereinander."[184] Gott freut sich, wenn seine Kinder „alle Menschen eine Familie bilden und einander in brüderlicher Gesinnung begegnen."[185]

Deshalb gibt es diese Gemeinschaft der Christen, diese Kirche, die Gemeinschaft der Liebe ist. „Erstgeborener unter vielen Brüdern stiftete er (Jesus) nach seinem Tode und seiner Auferstehung unter allen, die ihn in Glauben und in der Liebe annehmen, durch das Geschenk seines Geistes eine neue brüderliche Gemeinschaft in seinem Leib, der Kirche, in dem alle einander Glieder sind und sich entsprechend der Verschiedenheit der empfangenen Gaben gegenseitig dienen sollen."[186] Jesus hat alle Menschen, die vergangenen, die aktuellen und die zukünftigen erlöst und möchte alle in dieser seiner Gemeinschaft versammeln.

Diese Gemeinschaft ist ein Vorbild der gerechten Gesellschaft wegen der gegenseitigen Liebe. Die Liebe ist die Grundlage der Sozialethik. Sie „ist das Prinzip nicht nur der Micro-Beziehungen-in Freundschaft, Familie und kleinen Gruppen-, sondern auch der Macro-Beziehungen- in gesellschaftlichen, und politischen Zusammenhängen."[187] Die „politische Nächstenliebe"[188] begründet sich hier. Es handelt sich darum, „zu einer gesellschaftlichen und politischen Ordnung

---

[183] A.a.O.
[184] Walter, K., (2017), A.a.O., S. 281.
[185] Gaudium et Spes, Nr. 24.
[186] A.a.O., Nr. 32.
[187] Caritas in Veritate, Nr. 2.
[188] Fratelli tutti, Nr. 180.

zu gelangen, deren Seele, die gesellschaftliche Nächstenliebe ist."[189] Diese Liebe wirkt durch das Prinzip des Gemeinwohls. Das heißt „die Gesamtheit jener Bedingungen des gesellschaftlichen Lebens, die sowohl den Gruppen als auch deren einzelnen Gliedern ein volleres und leichteres Erreichen der eigenen Vollendung ermöglichen."[190]

Der soziale Friede, der von der distributiven Gerechtigkeit herkommt, hängt mit dem Prinzip des Gemeinwohls zusammen.[191] „So wird Gerechtigkeit aufgrund der globalen Wirkungszusammenhänge mit großer zeitlicher Reichweite als eine heute notwendig weltweit und intergenerationell zu interpretierende Kategorie aufgefasst."[192] Auch ist die Solidarität mit dem Gemeinwohl verbunden. „Das Solidaritätsprinzip ermutigt die Armen und Schwächsten, ja verpflichtet sie sogar fast, keine rein passive oder gar feindliche Haltung der Gesellschaft gegenüber einzunehmen, sondern das selbst zu tun, wozu sie in der Lage sind und ihre Rechte entsprechend wahrzunehmen und einzufordern."[193] Die Liebe ist auch die Voraussetzung des Prinzips der Option für die Armen.

4.4.4 Die Erlösung als Grundlage der Umweltethik

Durch die Erlösung hat Jesus die Menschen mit der Schöpfung versöhnt. Weil Jesus die ganze Schöpfung erlöst hat und alles mit allem hat versöhnen wollen, kann der Mensch sich mit der ganzen Schöpfung versöhnen. Bei Jesaja sagt Gott, wie der messianische Friede sein wird. Die Tiere werden sich miteinander versöhnen so wie die Menschen mit den Tieren (vgl. Jes 11,6-8). Der Auferstandene Christus ist in der Schöpfung gegenwärtig.[194] Also möchte Gott sich durch ihn mit der Schöpfung versöhnen. Denn „Gott wollte mit seiner ganzen Fülle in ihm wohnen, um durch ihn alles zu versöhnen- alles im Himmel und auf Erden wollte er zu Christus führen, der Friede gestiftet hat am Kreuz durch sein

---

[189]A.a.O.
[190] Gaudium et Spes, Nr. 26.
[191] Vgl. Laudato Si, Nr. 157.
[192] Vogt, Markus, Christliche Umweltethik, Grundlagen und Zentrale Herausforderungen, Herder, Freiburg, 2021, S. 55.
[193] Nothelle-Wildfeuer, U., Armut und ihre Bekämpfung- eine Frage der Solidarität oder der Gerechtigkeit? Zur sozialethischen Begründung des Sozialstaats, S. 116, in: Nothelle-Wildfeuer, Ursula, (Hrsg.), Hast du nichts, dann bist du nichts? Freiburg, 2009, S. 87-126.
[194] Vgl. Laudato Si, Nr. 100.

Blut" (vgl. Kol 1,19-20). Die Gegenwärtigkeit des Auferstandenen zeigt sich durch die Blumen des Feldes und die Tiere, die Jesus mit Achtung beobachtet hat.[195]

Die Erlösung hat den Menschen die Fähigkeit zur Liebe zur Schöpfung geschenkt. Denn „als von Christus erlöst und im Heiligen Geist zu einem neuen Geschöpf gemacht, kann und muss der Mensch die von Gott geschaffenen Dinge lieben."[196] Papst Franziskus lädt alle ein, „auf die Schönheit (der Schöpfung) zu achten und sie zu lieben."[197] Diese Liebe der Schönheit der Schöpfung kann die „Leidenschaft für den Umweltschutz"[198] hervorrufen und sie stellt die Grundlage der Umweltethik dar.

Diese Leidenschaft für den Umweltschutz bedeutet „eine Mystik, die uns beseelt"[199] und „innere Beweggründe, die das persönliche und gemeinschaftliche Handeln anspornen, motivieren, ermutigen und ihm Sinn verleihen."[200] Diese Liebe führt dazu, den Wind, die Sonne und die Wolken zu lieben und anzunehmen, obwohl wir keine Macht über sie haben.[201] In diesem Zusammenhang wirkt die Liebe so kräftig, dass es nichts Revolutionäreres als sie gibt, weil sie zuallererst uns und dann durch uns die ganze Welt revolutioniert.[202]

In diesem Punkt wurde gezeigt, dass Gott durch seinen Sohn die Welt erlöst hat. Dann hat er die Schöpfung wieder gut gemacht und sie mit sich versöhnt. Diese Versöhnung besteht in der Versöhnung mit Gott, mit dem Menschen selbst, mit den Mitmenschen und mit der ganzen Schöpfung. Die Liebe, die verunstaltet war, wird wieder rein und ist die Grundlage von der Individual-, Sozial- und Umweltethik.

Dieses Kapitel ist durch die Liebe gekennzeichnet. Gott der liebende Schöpfer hat seine geliebte Schöpfung geschaffen. Durch die Liebe kann die Rolle der Kirche und ihrer Caritas verstanden werden, weil die Liebe ein Thema der Kirche als Gemeinschaft der Liebe und auch ein Thema der Caritas ist. Diese Liebe ist die

---

[195] A.a.O.
[196] Gaudium et Spes, Nr. 37.
[197] Laudato Si, Nr. 215.
[198] A.a.O, Nr. 216.
[199] A.a.O.
[200] Evangelii Gaudium, Nr. 261.
[201] Vgl. Laudato Si, Nr. 228.
[202] Vgl. Walter, Kaspar, (2017), A.a.O., S. 293.

Motivation, das Mittel und das Ziel des Handelns der Kirche und ihrer Caritas bei der Bewahrung der Schöpfung. Darum geht es im folgenden Kapitel.

5 Die Rolle der Kirche in der Bewahrung der Schöpfung in Burundi

Es wurde schon gezeigt, dass die Umwelt in Burundi verschmutzt ist und dass sie immer mehr verschmutzt wird. Die Ursachen und die Folgen wurden auch bewiesen. Es geht jetzt um das Handeln. Welchen Beitrag kann die Kirche und ihre Caritas dazu leisten? Weil die Kirche sich in diesem Land befindet, hat sie auch das Land zu respektieren und zu ergänzen, was es schon tut. Das Land engagiert sich schon für die Armutsbekämpfung und für die Umwelterziehung im Rahmen der Nachhaltigkeit. Es arbeitet auch zusammen mit der Zivilgesellschaft und mit den anderen Ländern. Es hat schon viele Projekte im Umweltschutz, obwohl es noch nicht viel umsetzt. Burundi hat seine eigenen Aufgaben, die es als Beitrag zum Umweltschutz zum Wohl der ganzen Welt erfüllen muss. Denn „an einheitliche Lösungsvorschläge ist nicht zu denken, denn jedes Land oder jede Region hat spezifische Probleme und Grenzen.“[203]

Was das Land noch nicht erfüllt, kann als Ergänzung oder Verantwortung der Kirche betrachtet werden. Denn laut Papst Benedikt ist die Kirche für die Schöpfung verantwortlich.[204] „Entscheidend ist, dass dabei die Kirche nicht bloß als ‚Moralagentur' für ökologische Imperative begriffen wird, sondern neue Kontexte und Formen der Gottesfrage selbst in den Blick kommen.“[205]

Trotzdem darf die Kirche den Staat nicht ersetzen. Die Kirche und ihre Caritas erfüllen ihre Aufgaben des Dienstes an der Umwelt, dadurch, dass sie zum einen die Aufgaben der Caritas erledigen, zum anderen die drei Sendungen der Kirche im Bereich der Schöpfung erfüllt werden können. Diese vier Aufgaben der Caritas sind die Sozialdienstleistung, das Stiften von Solidarität, die politische Anwaltschaft und die Bildung. Die drei Sendungen der Kirche sind die

---

[203] Laudato Si, Nr. 180.
[204] Vgl. Caritas in Veritate, Nr. 51.
[205] Vogt, M., (2021), A.a.O., S. 32.

Verkündigung, die Heiligung und die Leitung. Es wird auch gezeigt, wie die Kirche sich für die Armutsbekämpfung engagiert. Darum handelt es sich im Folgenden.

5.1 Die Rolle der Kirche bei den vier Aufgaben der Caritas

Die Katholische Kirche hat einen großen Einfluss in Burundi, weil ihr 62,1% der burundischen Bevölkerung angehören.[206] Darum kann sie eine wichtige Rolle in der Bewahrung der Schöpfung spielen. Die Kirche in Burundi hat viele Vorteile. Die Hauptsache ist zum einen, dass ihre Pastoral auf den Basisgemeinden[207] basiert, zum anderen ist die Mehrheit der Bevölkerung Burundis noch jung. Ein anderer Vorteil besteht darin, dass es unter den Aufgaben, welche die Caritas von der Bischofskonferenz Burundis bekommen hat, die Aufgabe der Bewahrung der Schöpfung gibt. Diese Mission heißt, dass die Nachhaltigkeit der Maßnahmen für die kommenden Generationen hergestellt wird.[208] Es ist auch ein Vorteil, dass die Rolle der Familie in Burundi wertvoll ist.

5.1.1 Die Sozialdienstleistung

Die erste Aufgabe der Caritas ist die Sozialdienstleistung. Durch diese Aufgabe engagiert sich die Caritas für die Bedürftigen und für die Armen. Diese Aufgabe ist unersetzlich in der Kirche. Es geht um ein „Opus Proprium"[209] der Kirche. Hier ist der „unverzichtbare Wesensausdruck ihrer selbst"[210] gemeint. Papst Franziskus betont, dass die Erde auch arm ist. „Darum befindet sich unter den am meisten verwahrlosten und misshandelten Armen diese unsere unterdrückte und verwüstete Erde, die seufzt und in Geburtswehen liegt (Röm 8,22)."[211] Insofern ist die Schöpfung zu dienen. Wenn die Kirche die Schöpfung hütet, hütet sie auch

---

[206] Vgl. Zakweli, L'encyclopédie universelle en ligne, Population du Burundi en 2020, in : www.zakweli. com/population-burundi/.

[207] Vgl. Maruhukiro, D. (2020). A.a.O., S. 299 Fußnoten.

[208] Vgl. Caritas Burundi, Contribution à la prévention et à la réponse contre le Covid-19 au Burundi, Bujumbura 2020, S. 4.

[209] Deus Caritas est, Nr. 29, auch Klaus Baumann, Die Enzyklika „Deus Caritas est" Papst Benedikt XVI, und ihre Bedeutung für die Kirche und ihre Caritas, S. 1, 10 Juli 2006 bei den „Freiburger Caritasgesprächen zur Sozial- und Gesellschaftspolitik".

[210] Deus Caritas est, Nr. 25, auch Klaus Baumann (2006), S. 1.

[211] Laudato Si, Nr. 2.

alle Menschen, weil „alles miteinander verbunden ist". In diesem Zusammenhang hat Caritas Burundi 300 Personen zu einer Arbeit verholfen, die Opfer der Überschwemmungen waren. Sie arbeiten in einem Projekt des Umweltschutzes und der sozioökonomischen Eingliederung der Opfer der Naturkatastrophe.[212] Caritas Burundi hilft nicht nur den Menschen, sondern sie engagiert sich auch für die ganze Schöpfung. In diesem Sinne hat Caritas Burundi Aktivitäten gegen Erosion und Schutz des Bodens erledigt und sie hat auch Konturlinien gezeichnet.[213]

5.1.2 Stiften von Solidarität

Der Dienst der Caritas basiert auf der Liebe zu den Menschen. Die Liebe ist fähig, die Gläubigen zu sammeln, sodass sie eine Gemeinschaft bilden können. Der Glaube und die Liebe Christi können als Begründung der Solidarität der Christen, die sich für die Armen einsetzen, angesehen werden.[214] Die Pfarreien können die Solidarität durch die Basisgemeinden fördern, weil diese kleinen Gemeinschaften sich um ihre Mitglieder kümmern können.[215] Außerdem gibt es eine enge Verbindung zwischen der Solidarität und dem Gemeinwohl.[216]

In diesem Zusammenhang kann diese Solidarität die Schöpfung fördern. Wenn die Menschen sich für die Ärmsten engagieren können, sollten sie auch nicht vergessen, sich für die ganze Schöpfung einzusetzen. Und die Kirche hat diese Aufgabe, allen, besonders den Gläubigen zu helfen, in Solidarität die Schöpfung zu bewahren. „Das Stiften von Solidarität kann auf allen Ebenen der Gesellschaft geschehen; hier können z.B. genannt werden: Sozialraumprojekte vor Ort in Verbindung mit Kirchengemeinden, in denen Solidarität und Verbundenheit

---

[212] Urakeza Cédric-Soledad, une partie des sinistrés des inondations retrouvent du travail grâce à Caritas Burundi, in : https://www.iwacu-burundi.org/une-partie-des-sinistres-retrouvent-du-travail-grace-a-caritas-burundi/ 31.07.2014. Letzter Abruf am 05.10.2021.
[213] Vgl. Caritas Burundi, Cinq ans de « Laudato Si », Rapport de mise en Œuvre, Bujumbura, 2020, S. 12.

[214] Vgl. Maruhukiro, D., (2020), A.a.O., S. 299.
[215] A.a.O.
[216] Vgl. Ndabiseruye, A., (2009), A.a.O., S. 157.

untereinander gefördert werden.“[217] Weil die Basisgemeinden in Burundi in der Pastoral der Kirche sehr wichtig sind, wird auch die Bewahrung der Schöpfung von diesen Basisgemeinden gefördert. In diesem Sinne hat Bischof Venant Bacinoni die Christen in der Fastenzeit 2013 aufgerufen, viele Tätigkeiten der Bewahrung der Schöpfung zu erfüllen.[218]

5.1.3 Die Kirche ist durch ihre Caritas Anwalt für die Menschen am Rande und andere Unterdrückte[219]

Neben der Sozialdienstleistung und dem Stiften von Solidarität hat Caritas eine andere Aufgabe, und zwar die politische Anwaltschaft. Caritas erfüllt die Funktion der sozialpolitischen „Anwaltschaft gegen Armut und soziale Ausgrenzung als Eintreten für soziale Gerechtigkeit (…) und Befähigungsgerechtigkeit.“[220] Dieser „Einsatz der Caritas für soziale Gerechtigkeit ist von (…) Gott her in-spirierte Konkretisierung organisierter Nächstenliebe und theologisch notwendiger Teil kirchlichen „Liebeshandelns“-wo Gerechtigkeit doch das „minimum caritatis“ darstellt.“[221] Nothelle-Wildfeuer stellt fest, dass die Kirche ihre Aufgabe als Anwältin durch die Option für die Armen erfüllt.[222]

Nach Papst Franziskus ist die Kirche eine Stimme, die dazu appelliert, die Umwelt und die Armen zu respektieren und sich darum zu kümmern.[223] Diese Rolle der Caritas als Anwalt ist nicht so bekannt in Caritas Burundi. Sie ist noch zu entwickeln.[224]

---

[217] Baumann, K. Lehrbrief, A.a.O., S. 64.
[218] Vgl. Bacinoni, V., (2013), A.a.O., S. 6-7.
[219] Vgl. Baumann, Klaus, Sozialpolitische Anwaltschaft gegen Armut und soziale Ausgrenzung- eine Grundfunktion verbandlicher Caritas, in: Eurich, Barth, Baumann, Wegner, (Hrsg.), Kirchen aktiv gegen Armut und Ausgrenzung, Theologische Grundlagen und praktische Ansätze für Diakonie und Gemeinde, Kohlhammer, Stuttgart, 2009, S. 445-459.
[220] A.a.O., S. 446.
[221] A.a.O., S. 458.
[222] Vgl. Nothelle-Wildfeuer, Die Option für die Armen als Option für Beteiligung(sgerechtigkeit), S. 143, in: Eurich, Barth, Baumann, Wegner (Hrsg.) Kirchen aktiv gegen Armut und Ausgrenzung, A.a.O., S. 135-157.
[223] Vgl. Papst Franziskus, Persönliche, soziale und Ökologische Umkehr, Botschaft zur Kampagne der Brüderlichkeit der Kirche in Brasilien, 15.02.2017. S.76, in: Papst Franziskus, Unsere Mutter Erde, (2020), A.a.O., S. 75-78.
[224] Vgl. Maruhukiro, (2020), A.a.O., S. 301 Fußnote (737).

Die Kirche in Burundi sollte diese Rolle spielen und viele Umweltschäden verhindern und die Schöpfung bewahren. Das Engagement dafür ist die Art und Weise, die Leidenschaft für die Bewahrung der Schöpfung umzusetzen. In den Basisgemeinden gibt es verschiedene Kommissionen. Beispielsweise gibt es Kommissionen der Caritas, Kommissionen der Gerechtigkeit und Frieden usw.[225] Es ist wünschenswert, dass es auch eine Kommission der Bewahrung der Schöpfung gäbe, damit sie alle Mitglieder immer daran erinnert, wie sie sich für die Bewahrung der Schöpfung einsetzen können.

5.1.4 Engagement für die Bildung

Die Hauptaufgabe der Kirche und ihrer Caritas ist das Engagement für die Bildung. Jesus selbst hat diese Mission erfüllt und hat der Kirche den Auftrag, das Evangelium allen Geschöpfen zu verkünden, gegeben (vgl. Mk 16,15). Durch Bildung bietet Caritas den Menschen die Möglichkeit, qualifizierte Arbeit zu erledigen und verschiedene Aufgaben in der Gesellschaft zu erfüllen.[226] Die Anzahl von Analphabeten ist nämlich besonders bei den Erwachsenen in Burundi groß. Das stellt ein Hindernis der ganzheitlichen Entwicklung und der Bewahrung der Schöpfung dar. Die Kirche sollte sich für die Bildung von allen im Allgemeinen und von den Armen im Besonderen einsetzen. Insofern leistet die Kirche einen Beitrag zur nachhaltigen und zur ganzheitlichen Entwicklung. Diese Aufgabe wird noch betont werden, wenn es über die prophetische Sendung der Kirche gesprochen wird.

5.2 Die Sendung der Verkündigung im Dienst an der Umwelterziehung

Unter den Ursachen der Umweltverschmutzung in Burundi gibt es das Fehlen an der Bildung. Die Lösung wäre nämlich die Umwelterziehung bzw. die Bildung sowohl von Kindern als auch von Erwachsenen. Im Folgenden geht es um den Beitrag der prophetischen Sendung der Kirche dazu.

---

[225] Vgl. Diyoseze ya Bururi, Ibiro Ndinganizabutumwa, Imibano Rukristu, Bururi, 2011. S. 11.
[226] Vgl. Maruhukiro, (2020), A.a.O., S. 300.

Die prophetische Mission heißt, der Welt das Evangelium zu verkünden. Jesus, der Gründer der Kirche, hat auch selbst die frohe Botschaft Gottes verkündet. Der Inhalt seiner Verkündigung ist die Liebe Gottes, die er durch das Wort und das Beispiel kund gemacht hat. Das heißt: den Armen gute Nachricht zu bringen, den Gefangenen zu verkünden, dass sie frei sein sollen, und den Blinden, dass sie sehen werden (vgl. Mk 4,18). „Die Kirche, die mit den Gaben ihres Stifters ausgestattet ist und seine Gebote der Liebe, der Demut und der Selbstverleugnung treulich hält,"[227] gehorcht dann ihrem Herrn und insofern ist sie das Licht der Welt, wie Jesus selbst das Licht der Völker ist.[228] Mit dieser Liebe schließt die Kirche alle ein, die schwach sind, da sie in den armen und leidenden Menschen das Bild ihres Gründers sieht, der arm und leidend gewesen ist, und die Kirche gibt sich Mühe, die Not zu lindern und Christus in ihnen zu Hilfe zu kommen.[229]

Diese prophetische Sendung „ist treu ausgeführt worden, und zwar sowohl durch die Apostel, die durch mündliche Predigt, durch Beispiel und Einrichtungen weitergaben, was sie aus Christi Mund, im Umgang mit ihm und durch seine Werke empfangen oder was sie unter der Eingebung des Heiligen Geistes gelernt hatten, als auch durch jene Apostel und apostolischen Männer, die unter der Inspiration des gleichen Heiligen Geistes die Botschaft vom Heil niederschrieben."[230]

In Burundi wird das Lehramt durch die Bischöfe ausgeübt. Es geht „um die Ermöglichung und Förderung einer Verkündigung des unerschöpflichen Evangeliums, damit sie eine neue Synthese des Evangeliums mit der Kultur, in der es mit deren Kategorien verkündet wird, hervorruft."[231] Die Kirche ist dann in den Diözesen, Pfarreien, Gemeinden und Basisgemeinden präsent. Die Bereiche der Verkündigung bzw. der Erziehung neben den Schulen, den Pfarreien und den Bewegungen sind die „Familie, die Kommunikationsmittel, die Katechese,"[232] die Seminare, die Ausbildungsstätte der Orden[233] und die Basisgemeinden.

---

[227] Lumen Gentium, Nr. 5.
[228] A.a.O., 1.
[229] A.a.O., Nr. 8.
[230] Dei Verbum, Nr. 7.
[231] Querida Amazonia, Nr. 68.
[232] Laudato Si, Nr. 213.
[233] A.a.O., Nr. 214.

Deshalb hat die Kirche in Burundi viele Möglichkeiten, die Menschen zu erreichen und das Wort Gottes zu verkünden. Der Beweggrund zur Mission ist die Liebe Gottes zu allen Menschen. Diese Liebe ist auch die Kraft, sich um die künftige Generation durch die intergenerationelle Solidarität zu kümmern. Denn „bezogen auf die jeweils nächste Generation ist es ein elementares Gebot, dass die Eltern- der Kindergeneration nichts antut, was sie nicht selbst von ihrer Elterngeneration hätte erleiden wollen."[234] Aus dieser Liebe hat die Kirche von jeher die Pflicht und die Kraft ihres Missionseifers geschöpft, denn die Liebe Christi drängt uns.[235] Die von der Liebe motivierte Kirche zeigt die Liebe sowohl allen Menschen als auch allen Geschöpfen. Sie lehrt den Menschen, in der Liebe zu leben, sodass sie Gott, sich selbst, die Nächsten und die ganze Schöpfung lieben können.

In diesem Zusammenhang hat Bischof Venant Bacinoni die Katholiken der Diözese Bururi in Burundi aufgerufen, die Umwelt zu schützen, indem sie das Buschfeuer und die Abholzung beenden und verhindern, damit sie den Enkeln keine Wüste hinterlassen.[236] Außerdem ruft er auf zur Aufforstung, zum Aufbau der Toiletten, zum Bezeichnen der Konturlinien und zum Sammeln des Plastiks und der alten und verschmutzen Flaschen usw.[237] Sowohl das Stopp der Entwaldung als auch die Wiederaufforstung wurden in COP26 in Betracht gezogen

Die Bildung bzw. die Weiterbildung ist nämlich für jeden Menschen sehr wichtig und im Rahmen der Umwelt im Besonderen, weil jede Person einen wichtigen Beitrag leisten kann. In Burundi muss die Kirche sich dafür engagieren und ergänzen, was der Staat nicht schafft, weil die Kirche sich für das Heil der ganzen Schöpfung einsetzen muss. Insofern baut die Diözese Bururi eine Universität auf mit dem Namen „Institut Universitaire Laudato Si- le Palmier (IULP),"[238] die sich für die ökologische Erziehung engagieren wird. Außerdem ist die Schöpfungserziehung „eine Aufgabe, zu deren Erfüllung alle Christen aufgerufen

---

[234] Vogt, M., (2021), A.a.O., S. 396-397.
[235] Vgl. Katechismus der Katholiken Kirche, Nr. 851.
[236] Vgl. Bacinoni, V., S. 6.
[237] A.a.O., S. 7.
[238] https://www.intercontactservices.com/interhuman/wp-content/uploads/2021/05/IULP-Enseignants2_Appel-%C3%A0-manifestation-dint%C3%A9r%C3%AAt.pdf. Letzter Aufruf am 11.10.2021.

sind."[239] In diesem Sinne könnten wir uns alle gegenseitig kontrollieren und erziehen.[240]

Caritas Burundi „als Wesensvollzug der Kirche"[241] beschäftigt sich mit der Bildung durch die Sensibilisierungen aller Art, damit die Umwelt geschützt wird. So hat sie viele Tagungen der Sensibilisierung gehalten. Unter anderem gibt es die Sensibilisierung für die Art und Weise der Verwendung von verbesserten Kochstellen und die Sensibilisierung für den Umweltschutz.[242] Zwar sind die Kirche und ihre Caritas in Burundi daran, die Umwelt zu schützen, aber es fehlt noch eine bischöfliche Kommission der Bewahrung der Schöpfung, wie es andere Kommissionen gibt, wie zum Beispiel die Kommission Gerechtigkeit und Frieden. Diese Kommission könnte auch einen Platz in jeder Struktur jeder Diözese finden bis hin zu den Basisgemeinden.

In Schulen und Seminaren, wo die Kirche verantwortlich ist, oder wo ihrer Stimme zugehört werden kann, sollte sie eine Lehre der Leidenschaft für die Schöpfung veranstalten. Ein burundischer Erzbischof, Simon Ntamwana, stellt fest, dass die Kirche in Burundi die Enzyklika „Laudato Si" verbreiten und den Text ins Kirundi übersetzen möchte. Sie hat auch vor, fügt er hinzu, Priester, Ordensleute und andere Christen vorzubereiten, die der Kirche bei allen Initiativen der ökologischen Umkehr helfen können.[243]

Die Erziehung bzw. die prophetische Sendung ist eine unersetzliche Aufgabe der Kirche. Diese Aufgabe erfüllt sie in verschiedenen Bereichen, wo die Kirche die Menschen erreicht. Die Kirche nützt alle Möglichkeiten, den Menschen zu helfen, zu wissen, wie sie sich für die Bewahrung der Schöpfung engagieren können. „Zugleich sollten jedoch auch nüchtern die Grenzen der Möglichkeiten, durch Bildung die Gesellschaft zu transformieren, im Blick bleiben."[244] Denn Papst Franziskus stellt fest, „die Erziehung wird unwirksam, und ihre Anstrengungen

---

[239] Ndabiseruye Alphonse, A.a.O., 2000, S. 325.
[240] Vgl. Laudato Si, Nr. 214.
[241] Baumann, K., Caritaswissenschaft, ihre Ursprünge und Aktualität, S. 143, in: Neue Caritas Jahrbuch 2016, S. 139-145.
[242] Vgl. Caritas Burundi, Cinq ans de « Laudato Si », A.a.O., 2020, S. 20.

[243] Vgl. Caritas Burundi, Synthèse de la Table ronde des Evêques catholiques et anglicans du Burundi sur la justice écologique, rôle du leadership religieux dans la réponse à la crise écologique, Bujumbura, 2021, S. 6.
[244] Vogt, M., (2021), A.a.O., S. 34.

werden unfruchtbar sein, wenn sie nicht auch dafür sorgt, ein neues Bild vom Menschen, vom Leben, von der Gesellschaft und von der Beziehung zur Natur zu verbreiten.“[245] Die Mission der Verkündigung darf die Entwicklung nicht übersehen. Das ist das Thema des folgenden Punktes.

5.3 Das Engagement der Kirche für die Armutsbekämpfung durch den Einsatz für die ganzheitliche und nachhaltige Entwicklung

Im dritten Kapitel wurde festgestellt, dass die Armut eine wichtige Ursache der Umweltzerstörung ist. Die Armutsbekämpfung durch das Engagement für die ganzheitliche und die nachhaltige Entwicklung ist eine Lösung dafür. Darum geht es im Folgenden.

„Vom Kern des Evangeliums her erkennen wir die enge Verbindung zwischen Evangelisierung und menschlicher Förderung, die sich notwendig in allem missionarischen Handeln ausdrücken und entfalten muss.“[246] Jesus selbst hat den Menschen auch in seiner Ganzheit betrachtet. Er hat den Armen und den Bedürftigen aller Art geholfen, wie es schon oben erwähnt wurde. Die Kirche ihrerseits „treu der Weisung und dem Beispiel ihres göttlichen Stifters, der die Verkündigung der Frohbotschaft an die Armen als Zeichen für seine Sendung hingestellt hat, (…) hat sich immer bemüht, die Völker, denen sie den Glauben an Christus brachte, zur menschlichen Entfaltung zu führen.“[247]

Nach Klaus Baumann betrachtet die Kirche „es als Teil ihrer Sendung und ihres Wesensauftrages, dafür zu arbeiten, dass jeder und alle Menschen das für ein menschenwürdiges Leben Notwendige zur Verfügung hat.“[248] Denn die Evangelisierung und die menschliche Entwicklung sind eng verbunden.[249] Darum

---

[245] Laudato Si, Nr. 215.
[246] Evangelii Gaudium, Nr. 178.
[247] Populorum Progressio, Nr. 12.
[248] Baumann, K., Gerechtigkeit und Wahrheit- Vergebung und Versöhnung: einige caritaswissenschaftliche Überlegungen und Perspektiven, S. 20, in: Klaus Baumann, Rainer Bendel, Déogratias Maruhukiro (Hg.), Gerechtigkeit, Wahrheitsfindung, Vergebung und Versöhnung, Justice, Vérité, Pardon er Réconciliation, Ansätze zur Friedenspolitik in Nachkriegsgebieten, Approches des politiques de paix dans les pays post-conflit, LIT, Berlin, 2021, S. 19-28.
[249] Vgl. Evangelii Nuntiandi, Nr. 31.

ist auch für die Kirche die Entwicklung des Menschen ihre oberste Pflicht.[250] „Und das bedeutet für die christlichen Gemeinschaften auch ein klares Engagement für das Reich der Gerechtigkeit durch eine Förderung derer, die ins Abseits geraten sind. Dazu ist eine angemessene Unterweisung der pastoral Tätigen in der Soziallehre der Kirche äußerst wichtig."[251] Diese Tätigkeiten der Kirche bringen ihre Liebe zu den Menschen zum Ausdruck.

Laut Papst Benedikt handelt es sich um eine Liebe, „die das ganzheitliche Wohl des Menschen anstrebt: seine Evangelisierung durch das Wort und die Sakramente (...) und seine Förderung und Entwicklung in den verschiedenen Bereichen menschlichen Lebens und Wirkens."[252] Diese Liebe ist ein Auftrag an die ganze Kirche.[253] Darum muss die Kirche diese Liebe nicht nur lehren, sondern sie auch zur Anwendung bringen. „Hierbei handelt es sich um einen Dienst, der sich nicht nur aus der Verkündigung, sondern auch aus der Zeugenschaft ergibt."[254]

In Missionsländern haben sich die Missionare für die Entwicklung eingesetzt, dadurch, dass sie Kirchen, Krankenhäuser, Schulen und andere Infrastrukturen gebaut haben.[255] Die Kirche in Burundi übt die Liebe durch die Armutsbekämpfung und das Engagement für die ganzheitliche und nachhaltige Entwicklung. Die Herzen zu berühren und sie die Liebe zu lehren wäre die Lösung dafür. Dank ihrer „Sendung im Dienst der Liebe"[256] hat die Kirche hier eine Rolle zu spielen, um die Bevölkerung und die Umwelt vor den durch die soziale Ungerechtigkeit verursachten Problemen zu bewahren, denn nach Papst Johannes Paul II. „Wie könnte man die leiderfüllte Geschichte eines Landes unberücksichtigt lassen, in dem viele Nationen immer noch mit Hunger, Krieg, Rassenspannungen und Stammesfehden, politischer Unsicherheit und Verletzung der Menschenrechte herumschlagen? Das alles bedeutet eine Herausforderung für die Evangelisierung.'"[257]

---

[250] Vgl. Populorum progressio, Nr. 16.
[251] Querida Amazonia, Nr. 75.
[252] Deus Caritas est, Nr. 19.
[253] A.a.O., Nr. 20.
[254] Kompendium der Soziallehre der Kirche, Nr. 67.
[255] Vgl. Populorum progressio, Nr. 12.
[256] Deus caritas est, Nr. 42.
[257] Ecclesia in Afrika, Nr. 51

Insofern hat sie die Entwicklungsinfrastrukturen behalten, die die Missionare aufgebaut haben und hat andere Schulen, Krankenhäuser, viele Kirchen gebaut und das Einkommen der Bevölkerung erhöht. In diesem Sinne engagiert sich die Diözese Bururi im Süden des Landes dafür, dass die Menschen ihr Einkommen durch Mikroprojekte durch den Einsatz von Caritas erhöhen. In der gleichen Diözese haben Musos 2011 begonnen dank der diözesanen Caritas COPED.

Diese Stiftungen von Solidarität helfen den Menschen, die keine Möglichkeiten haben, Kunden der Banken oder der Mikrofinanzen zu sein.[258] Es gibt auch eine Mikrofinanz in der gleichen Diözese, sie heißt „Ishaka Microfinance", die als kleine Bank betrachtet wird.[259] Jede diözesane Caritas in enger Verbindung mit der nationalen Caritas entwickelt Projekte, um den Menschen zu helfen, sich zu entfalten. Das heißt nicht, dass die Kirche die Leistung erreicht hat, darüber hinaus muss sie noch dem Volk Gottes zuhören, um zu verstehen, woran es ihm noch fehlt und ihm dabei zu helfen. Demnach soll sie im Bereich der Erziehung und der Arbeit viel schaffen, damit die Arbeitslosigkeit sinkt.

Wenn den Burundiern geholfen wird, sich ganzheitlich zu entwickeln und die Armut zu bekämpfen, können sie an die Umwelt denken. Denn Papst Benedikt XVI erklärt, „dass die ganzheitliche Entwicklung des Menschen in enger Verbindung mit den Pflichten steht, die sich aus der Beziehung des Menschen zur Umwelt und zur Natur ergeben. Die Umwelt muss als eine Gabe Gottes an alle verstanden werden und ihr Gebrauch bringt eine Verantwortung gegenüber der ganzen Menschheit mit sich, insbesondere gegenüber den Armen und gegenüber den zukünftigen Generationen."[260]

Die Liebe, die der menschlichen Entwicklung dient, dient auch dem Schutz der Tiere und der Bäume, des Wassers und des Bodens, und der nächsten Generation, weil die Liebe keine Grenze kennt. Sie wirkt überall, wo es nottut. Doch wurde gezeigt, wie der Natur in Burundi geschadet wurde und wie die

---

[258] Vgl. COPED, La synthèse de réalisation MUSO dans le Diocèse de Bururi en deux Phases successives et une troisième en cours, 2018, in : https://coped.org/2018/06/12/la-synthese-des-realisations-muso-dans-le-diocese-de-bururi-en-deux-phases-successives-et-une-troisieme-en-cours/. Letzter Abruf am 11.10.2021.
[259] Vgl. https://trickleout.net/index.php/directory-pilot/burundi/coped-ishaka-microfinance. Letzter Abruf am 11.10.2021.
[260] Papst Benedikt, Weltfriedenstag 01.01.2010, Nr. 2, in: https://www.vatican.va/content/benedict-xvi/de/messages/peace/documents/hf_ben-xvi_mes_20091208_xliii-world-day-peace.html. Letzter Abruf am 08.11.2021.

Menschen davon betroffen sind. Die Kirche in Burundi kann die Wälder schützen durch den Beitrag der Basisgemeinden, die Aufforstung durch die Pflanzung von Bäumen fördern, die zuerst in Basisgemeinden gefordert wird, sie können das Wasser durch die Vermeidung und die Reduzierung der Abfälle schützen, den Boden durch die Vermeidung der Pestizide und die Vermehrung der organischen Dünger schützen. Alles kann in Basisgemeinden beginnen und kontrolliert werden. Wo es schon Schäden gibt, kann die Kirche dem Staat helfen, ohne ihn zu ersetzen,[261] um Techniken zu entwickeln, die dabei helfen können, dass sie die Umweltwissenschaften fördern. Die Forschung ist hier im Spiel. Die Kirche schöpft die Liebe und die Kraft ihres Handels aus den Sakramenten, um die Schöpfung zu bewahren. Das wird im Folgenden gezeigt.

5.4   Die Sendung der Heiligung als Quelle der Kraft zum Dienst an der ganzen Schöpfung

In Burundi hat es viele Konflikte und Kriege gegeben, wie es schon bemerkt wurde. Diese haben die Umwelt verschmutzt und zerstört. Das Engagement für den Frieden, für die Gerechtigkeit, für die Nächstenliebe, und für die Leidenschaft für die Umwelt kann die Lösung dafür sein. Die Mission der Heiligung bzw. die Sakramente sind eine Quelle der Kraft dazu. Weil bei ihrer Feier Elemente der Schöpfung gebraucht werden, sind sie auch Mittel der Kirche zur Heiligung der Schöpfung. Im Folgenden handelt es sich nicht um die Sakramentenlehre, sondern um das Engagement der Kirche für die Bewahrung der Schöpfung dank der Gnade der Sakramente.

Die Kirche hat sieben Sakramente, und zwar „die Taufe, die Firmung, die Eucharistie, die Buße, die Krankensalbung, die Weihe und die Ehe."[262] Sie spielen eine wesentliche und unentbehrliche Rolle im Leben der Kirche. So realisieren sie „das Sein der Kirche in der Konkretheit der verschiedenen Situationen u.a. von Geburt, Reifwerden, Ernährung, Vergeben, Liebe und Tod."[263] Außerdem verleihen sie die Gnade, und „ihre Feier befähigt (...) die Gläubigen in hohem

---

[261] Vgl. Laudato Si, Nr. 188.
[262] Katechismus der katholischen Kirche, Nr. 1210.
[263] Boff, Leonardo, Kleine Sakramentenlehre, Patmos, Ostfildern, 2010, S. 96.

Maße, diese Gnade mit Frucht zu empfangen, Gott recht zu verehren und die Liebe zu üben."[264]

Bei ihrer Feier fordern die Mehrheit der Sakramente verschiedene Elemente der Umwelt. Beispielsweise verlangt die Taufe das Wasser, das Öl, das Licht… Das Öl wird auch in anderen Sakramenten verwendet, wie bei der Firmung, der Krankensalbung und bei der Weihe. Bei der Feier der Eucharistie werden andere Elemente der Umwelt verwendet, und zwar das Brot und der Wein. Jedes Element hat eine Bedeutung im christlichen Leben. Das Wasser der Taufe ist ein Zeichen des neuen Lebens.[265] Das Brot und der Wein werden Leib und Blut Christi… Insofern sind die Sakramente „eine bevorzugte Weise, in der die Natur von Gott angenommen wird und sich in Vermittlung des übernatürlichen Lebens verwandelt."[266] Die Kirche braucht diese Elemente, um das übernatürliche Leben zu feiern. Darum sollte sie sich um die Schöpfung kümmern.

Mittlerweile gewinnt besonders die Eucharistie, das „Sakrament der Liebe,"[267] Bedeutung, weil sie die größte Erhöhung der Schöpfung ist.[268] Als Jesus sein Fleisch als Brot des Lebens gegeben hat, hat er sein Mitleid mit jedem einzelnen Menschen gezeigt.[269] Wenn die Kirche die Eucharistie feiert, ermöglicht sie, dass jeder, der die Eucharistie empfängt, Mitleid mit jedem Menschen hat. Das Mitleid hilft allen Gläubigen, die Nächstenliebe zu üben, indem sie den Armen, den Leidenden und der ganzen Schöpfung zu Hilfe kommen.

Dank der Kraft der Nächstenliebe, die die Kirche von der Eucharistie bekommt, erfüllt sie ihre Rolle der Dienstleistung durch ihre Caritas. Denn „Die kirchlichen Wohlfahrtseinrichtungen, besonders die Caritas, versehen auf verschiedenen Ebenen den wertvollen Dienst, Menschen in Not, vor allem den Ärmsten, zu helfen. Indem sie sich von der Eucharistie, dem Sakrament der Liebe, inspirieren lassen, werden sie deren konkreter Ausdruck und verdienen darum alles Lob und alle Ermutigung für ihren solidarischen Einsatz in der Welt."[270] Somit wird Caritas von der Eucharistie gefördert.

---

[264] Sacrosanctum Concilium, Nr. 59.
[265] Vgl. Laudato Si, Nr. 235.
[266] A.a.O.
[267] Sacramentum Caritatis, Nr. 1.
[268] Vgl. Laudato Si, Nr. 236.
[269] Vgl. Sacramentum Caritatis, Nr. 88.
[270] Sacramentum Caritatis, Nr. 90.

Die gesellschaftlichen Situationen, die die Menschen und die Schöpfung unterdrücken, sind gegen die Gerechtigkeit. Jesus, den die Christen in der Eucharistie empfangen, hilft ihnen diese Situationen zu sehen, und darauf zu reagieren. Denn „Die Speise der Wahrheit (die Eucharistie) drängt uns, die menschenunwürdigen Situationen anzuprangern, in denen man wegen des von Ungerechtigkeit und Ausbeutung verursachten Nahrungsmangels stirbt, und gibt uns neue Kraft und neuen Mut, ohne Unterlass am Aufbau der Zivilisation der Liebe zu arbeiten."[271]

Wenn die Christen Christus empfangen, treten sie in Gemeinschaft mit ihm ein und „die Vereinigung mit Christus ist zugleich eine Vereinigung mit allen anderen, denen er sich schenkt. Ich kann Christus nicht allein für mich haben, ich kann ihm zugehören nur in der Gemeinschaft mit allen, die die Seinigen geworden sind oder werden sollen."[272] Außerdem ist die Eucharistie die Kraft der Gemeinschaft der Menschen, die sich in Christus versöhnen wollen.[273] Auch wird den die Eucharistie Empfangenden geholfen, sich für den Frieden zu engagieren[274] und die Eucharistie wird die Quelle des Friedens und der Versöhnung, weil sie Liebe ist.

In diesem Zusammenhang kann die Eucharistie die Einheit der Burundier fördern. Während der Heiligen Messe sind die burundischen Stämme dabei gemischt. Sie feiern zusammen und empfangen den gleichen Christus in der Eucharistie. Dann werden sie vom Heiligen Geist erfüllt und sie werden ein Leib und ein Geist in Christus.[275] Da die Eucharistie den Frieden und die Einheit fördert, wer dieses Sakrament empfängt, „aber nicht das Band des Friedens bewahrt, empfängt das Geheimnis nicht zu seinem Nutzen, sondern einen Beweis gegen sich selbst,"[276] so Papst Johannes Paul II.

Unter den Ursachen der Umweltverschmutzung in Burundi gibt es soziale Ungerechtigkeit. Die Eucharistie kann dazu die Burundier drängen, „die miteinander im Konflikt sind, ihre Versöhnung zu beschleunigen, indem sie sich dem Dialog und dem Einsatz für die Gerechtigkeit öffnen."[277] Insofern wird in der

---

[271] A.a.O. Nr. 90
[272] Deus Caritas est, Nr. 14.
[273] Vgl. Sacramentum Caritatis, Nr. 89.
[274] A.a.O.
[275] Vgl. Drittes Hochgebet.
[276] Ecclesia de Eucharistie, Nr. 40.
[277] Sacramentum Caritatis, Nr. 89.

Ekklesia Jesu Christi der Krieg in der Schöpfung zu Ende gebracht, und es wird die Vereinigung des Menschen und der Elemente des Kosmos mit Gott geschaffen.[278]

Die Feier der Liturgie ermöglicht, dass die ganze Schöpfung zum Lobpreis Gottes einen Anteil haben darf. Denn „das Wasser, das Öl, das Feuer und die Farben werden mit ihrer ganzen Symbolkraft aufgenommen und in den Lobpreis eingegliedert."[279] Nach Papst Benedikt XVI. verwendet der Priester während der Eucharistiefeier die Früchte der Erde -Brot und Wein und insofern vertreten die Christen die ganze Schöpfung während der Eucharistiefeier, um Gott zu loben.[280]

Als Akt der kosmischen Liebe ermutigt uns die Eucharistie, für die Umwelt zu sorgen und die gesamte Schöpfung zu behüten.[281] Außerdem führt die Eucharistie zur „Leidenschaft für die Umwelt" und regt die Kirche an, sich für die Bewahrung der Schöpfung zu engagieren. „'Wenn jemand sagt, ich liebe Gott, aber seine Schwester, die Erde misshandelt, ist er ein Lügner. Denn wer seine Schwester nicht liebt, die er sieht, kann Gott nicht lieben, den er nicht sieht. Wer Gott liebt, soll seine Schwester die Erde, lieben und achten.'"[282] Deshalb sollten die Christen die ersten sein, die Schöpfung zu schützen und sie immer schöner zu machen. Insofern rettet die Eucharistie sowohl die Menschen als auch die Schöpfung.

Andere Sakramente sind auch eine Hilfe für die Schöpfungsbewahrung. So sollte die Kirche die Burundier lehren, wie dank der Taufe das Wasser betrachtet werden kann. Ein Vorschlag ist, dass zurzeit mehr Überlegungen über das Wasser gemacht werden können, denn dieses Jahr hat es viele Überschwemmungen in Burundi gegeben.[283] Das ist ein Zeichen der Zeit. Die Kirche sollte dieses Zeichen der Zeit lesen und deuten. Ein anderer Vorschlag wäre, das Wasser zu bewahren, damit während jeder Jahreszeit das Trinkwasser überall vorhanden ist. Alles wird

---

[278] Vgl. Despotis, Athanasios, Philosophie, Kosmos und Ekklesia in Kol 1,15-20, S. 139, in: Elisabeth Dieckmann; Verena Hammes; Jochen Wagner (Hg), Verantwortung für die Schöpfung, 10 Jahre ökumenischer Tag der Schöpfung, Herder, Freiburg, 2020, S. 133-139.

[279] Laudato Si, Nr. 235.

[280] Vgl. Sacramentum Caritatis, Nr. 92.

[281] Vgl. Laudato Si, Nr. 236.

[282] Weber, Friedrich, Gottes Schöpfung feiern und bewahren, S. 36, in: Elisabeth Dieckmann; Verena Hammes; Jochen Wagner, (Hg), (2020), A.a.O., S. 25-36.

[283] Vgl. Iwacu, Environnement 2021, in : https://www.iwacu-burundi.org/news/environnement/. Letzter Abruf am 30.08.2021.

durch die Liebe motiviert. Denn „das caritative Tun kann und muss heute alle Menschen und Nöte umfassen,"[284] ohne die Schöpfungsnöte zu vergessen.

Die Kirche sollte auch den Burundiern helfen, die Menschenwürde und das Leben während der Vorbereitung auf die Taufe zu verstehen, weil die Taufe in Bezug auf „die Wiedergeburt im Heiligen Geist"[285] ist. Die Firmung „führt zum Wachstum und zur Vertiefung der Taufgnade."[286] Die Vorbereitung auf die Taufe und auf die Firmung und die Gnaden der Wiedergeburt und des Wachstums können den Christen helfen, sich für die Aufforstung zu engagieren, weil die aufgeforsteten Wälder der Umwelt das Leben schenken und dieses Leben allmählich reif wird. Die burundischen Christen können gerne die Bäume einpflanzen, wenn sie darüber informiert sind, oder dabei gefördert werden. Diese Tätigkeit der Aufforstung vereinigt die Menschen mit den kommenden Generationen, weil die Bäume langsam wachsen und sie werden nicht nur von der Generation benutzt, die sie eingepflanzt hat, sondern am häufigsten von der nächsten Generation.

Das Sakrament der Versöhnung wird in Burundi häufig gefeiert. Erzbischof Gervais Banshimiyubusa hat in der Diözesanen Synode von Bujumbura über die Versöhnung wieder das Sakrament der Versöhnung betont.[287] Während der Vorbereitung auf das Sakrament der Versöhnung merken die Pönitenten, dass etwas bereut werden muss,[288] und dass sie sich bekehren sollten.[289] In diesem Zusammenhang ist es einfach mit ihnen auch über die ökologische Umkehr zu sprechen. So könnten die Menschen beispielsweise verschiedene Tüten und Plastik sammeln, die überall und irgendwie weggeworfen wurden, und so die Seen, Flüsse und den Boden reinigen und schützen. In diesem Fall engagieren sie sich für die Schönheit der Schöpfung. „Ja, Christen sollten darauf achten, sich umweltbewusst zu verhalten."[290]

---

[284] Apostolicam Actuositatem, Nr. 8.
[285] Katechismus der Katholischen Kirche, Nr. 1262.
[286] A.a.O., Nr. 1303.
[287] Vgl. Archidiocèse de Bujumbura, Actes du premier Synode Diocésain, « il nous a confié le Ministère de la Réconciliation », (2cor. 5,18), Presses Lavigérie, Bujumbura, 2019, Nr. 13.
[288] Vgl. Katechismus der Katholischen Kirche, Nr. 1451.
[289] A.a.O., Nr. 1427.
[290] Olpen, Bernhard, Jetzt wächst Neues Schöpfungsverantwortung aus der Sicht eines Vertreters der Pfingstbewegung, S. 63, in: Elisabeth Dieckmann, Verena Hammes; Jochen Wagner (Hg), Verantwortlich für die Schöpfung, (2020), A.a.O., S. 61-63.

„Bei der Feier der Krankensalbung tritt die Kirche in der Gemeinschaft der Heiligen für den Kranken ein."[291] Durch die Krankensalbung kann den Burundiern geholfen werden zu verstehen, dass auch die Schöpfung mit dem Mitleid versorgt werden sollte, wie bei einer kranken Person. Die Schöpfung leidet nämlich und schreit um Hilfe. Darüber hinaus können die Burundier die Hoffnung auf die Rettung des Landes und der Welt lernen. Denn „die berechtigten Sorgen wegen des ökologischen Zustands, in dem die Schöpfung in vielen Teilen der Erde ist, finden Trost in der Perspektive der christlichen Hoffnung, die uns verpflichtet, verantwortlich für die Bewahrung der Schöpfung zu arbeiten."[292]

Von der Weihe können die Burundier den Dienst an den Menschen und an der Schöpfung lernen und üben, weil die Weihe für den Dienst konzipiert ist. Dieses Sakrament wird im Punkt der Leitung der Kirche im Dienst an der Schöpfung besonders behandelt.

Die Ehe erscheint schon während der Schöpfungsgeschichte (vgl. Gn 1, 27-28). Die „eigene Gnade des Ehesakramentes ist dazu bestimmt, die Liebe der Gatten zu vervollkommnen und ihre unauflösliche Einheit zu stärken. Die Kraft dieser Gnade fördern sich die Gatten ,gegenseitig im ehelichen Leben sowie der Annahme und Erziehung der Nachkommenschaft zur Heiligung.'"[293] Von der Ehe und der Familie, die darauf gegründet ist, können die Burundier die Liebe, die Gemeinschaft und den Respekt gegenüber dem Leben und der Schöpfung lernen und üben. Denn „gegen die sogenannte Kultur des Todes stellt die Familie den Sitz der Kultur des Lebens dar."[294] Außerdem werden in der Familie „die ersten Gewohnheiten der Liebe und Sorge für das Leben gehegt, wie zum Beispiel der rechte Gebrauch der Dinge, Ordnung und Sauberkeit, die Achtung des örtlichen Ökosystems und der Schutz aller erschaffenen Wesen."[295] Insofern ist die Familie unvermeidlich in der Umwelterziehung.

---

[291] Katechismus der Katholischen Kirche, Nr. 1522.
[292] Sacamentum Caritatis, Nr. 92.
[293] Katechismus der Katholischen Kirche, Nr. 1641.
[294] Centesimus Annus, Nr. 39.
[295] Laudato Si, Nr. 213.

Die Kirche ist selbst das Sakrament.[296] Sie wurde von Jesus gegründet, um das Leben zu spenden. Die Leiter der Kirche helfen dabei, wie es im Folgenden Punkt gezeigt wird.

5.5 Die Mission der Leitung im Dienst an der Schöpfung.

Die Kirche hat nicht nur die Sendung der Lehre und der Heiligung, sondern sie hat auch die Mission der Leitung.[297] In diesem Abschnitt wird überlegt, welche Rolle die kirchlichen Führer in der Bewahrung der Schöpfung innehaben.

Die Sendung der Leitung liegt im Herzen Gottes. "Ich gebe euch Hirten nach meinem Herzen" (Jer 3,15). Und Jesus ist als „der Gute Hirte"(Joh 10, 11) in die Welt gekommen. Dann hat er den Aposteln und ihren Nachfolgern aufgetragen, alle Menschen zu lehren, zu heiligen und zu leiten.[298] Weil diese Mission eine Zusammenarbeit fordert, haben die Apostel andere „Männer als Bischöfe, Presbyter und Diakone berufen, um den Auftrag des auferstandenen Jesus zu erfüllen, der sie zu allen Menschen aller Zeiten gesandt hat."[299] Der Papst, Bischof von Rom, hat „die höchste, volle, unmittelbare und universale Seelsorgsgewalt"[300] in der römisch-katholischen Kirche.

Die Bischöfe erfüllen ihre Aufgabe wie Väter und Diener und die Liebe regt sie an, der ganzen Kirche zu helfen, in der Liebe zu leben und agieren zu können.[301] Denn sie sind mit heiliger Vollmacht ausgestattet, um ihren Brüdern zu dienen.[302] Sowohl die Bischöfe als auch die Priester bezeugen in ihrem Leben, dass Jesus Christus die kirchliche Gemeinschaft bzw. die Gemeinschaft von Brüdern anspornt und zum Vater führt.[303] Diese Amtsträger dienen allen Schwestern und Brüdern besonders den Armen und Schwachen nach dem Vorbild Christi, weil sie ihnen im Besonderen anvertraut sind.[304] „Dabei seien sie sich freilich bewusst, dass sie gehalten sind, das Beispiel der Heiligkeit in Liebe, Demut und Einfachheit des

---

[296] Vgl. Lumen Gemtium, Nr. 1.
[297] Vgl. Katechismus der Katholischen Kirche, Nr. 873.
[298] Vgl. Christus Dominus, Nr. 2.
[299] Pastores Dabo Vobis, Nr. 15.
[300] Christus Dominus, Nr. 2.
[301] A.a.O, Nr. 16.
[302] Vgl. Lumen gentium, Nr. 18.
[303] Vgl. Pastores Dabo Vobis, Nr. 26.
[304] A.a.O., Nr. 30.

Lebens zu geben."[305] Insofern können sie die Liebe zu Gott und zum Nächsten pflegen,[306] und Gott wirkt durch ihre Tätigkeiten der Liebe. Denn er „handelt in der caritativen Diakonie durch Helferinnen und Helfer."[307]

In diesem Zusammenhang ermutigen sie die Laien auch die Liebe zu üben. Daher werde die Pflicht der Christen mit Nachdruck betont, „an den verschiedenen Werken des Laienapostolates, besonders an der Katholischen Aktion, teilzunehmen und sie zu unterstützen. Es sollen auch Vereinigungen gefördert und gepflegt werden, (…), indem sie sich zum Ziele gesetzt haben, ein vollkommeneres Leben zu führen, (…) soziale Zielsetzungen zu verwirklichen oder Werke der Frömmigkeit und der Caritas zu üben,"[308] sowie auch die Tätigkeiten der Bewahrung der Schöpfung zu erledigen.

Die Bischöfe in Burundi erfüllen die Mission der Leitung in Zusammenarbeit mit dem Papst und mit den Bischöfen der ganzen Kirche. Sie spielen eine wichtige Rolle sowohl in der Kirche als auch in der Gesellschaft. Als Diener der Armen sind sie auch zum Dienst an der ganzen Schöpfung berufen. Denn „die Berufung, Beschützer des Werkes Gottes zu sein, praktisch umzusetzen gehört wesentlich zu einem tugendhaften Leben, sie ist nicht etwas Fakultatives, noch ein sekundärer Aspekt der christlichen Erfahrung."[309] In diesem Fall können die Bischöfe überlegen, wie sie den Priestern und allen Leitern in verschiedenen Ebenen der Kirche Weiterbildungen im Bereich der Umwelt anbieten können.[310] Die Bildung von verschiedenen Leadern der Gemeinschaften muss eine Priorität der burundischen Kirche sein.[311]

---

[305] Christus Dominus, Nr. 15.
[306] Vgl. Deus Caritas est, Nr. 24.
[307] Pompey, Heinrich, Caritastheologische Resonanzen, Zur Tagung „Theologie der Caritas. Grundlagen und Perspektiven für eine Theologie, die dem Menschen dient", S. 259, in: Klaus, Baumann, (Hg.), Grundlagen und Perspektiven für eine Theologie, die dem Menschen dient, Festschrift für Heinrich Pompey aus Anlass seines 80. Geburtstages, Studien zur Theologie und Praxis der Caritas und Sozialen Pastoral 31. S. 257-266.
[308] Christus Dominus, Nr. 17.
[309] Laudato Si, Nr. 217.
[310] Vgl. Caritas Burundi, (2021), A.a.O., S. 9.
[311] Vgl. Maruhukiro, D., Des guerres civiles au défi de la paix : la vérié er la justice pour comprendre le confit burundais, Essai d'analyse compréhensive du confit burundais er apport de l'Eglise catholique dans la promotion de la paix et la réconciliation au Burundi, S. 100, in : Klaus Baumann, Rainer Bendel, Déogratias Maruhukiro, (Hg.) Gerechtigkeit, Wahrheitsfindung, Vergebung und Versöhnung, Justice, Vérité, Pardon et Réconciliation, Ansätze zur Friedenspolitik in Nachkriegsgebieten, Approches des politiques de la paix dans les pays post-conflit. Frieden- Versöhnung- Zukunft : Afrika und Europa. Paix-

Weil die Führer Beispiel sein sollen, sollten sie selbst die Umweltsituation besser verstehen und wissen, wie man darauf reagieren kann. Darum stellen sie fest, dass die Bewahrung des „gemeinsamen Hauses" ihr prophetischer und apostolischer Vorrang ist.[312] Daher appelliert Bischof Venant Bacinoni an die Leader und an alle Verantwortlichen der Landwirtschaft, die Menschen zu sensibilisieren und für sie das Vorbild beim Umweltschutz zu sein und dass sie Entscheidungen treffen, die den Boden schützen, weil er ein Gemeinwohl ist.[313]

Weil die Landwirtschaft eine Hauptquelle des Einkommens der Burundier ist, sollten die Bischöfe und alle Leader in der Kirche ein Beispiel zeigen, wie die Landwirtschaft ohne Pestizide arbeiten kann, dass bei ihnen keine chemischen Dünger verwendet werden. In ihren Feldern und Gärten sollte keine Abholzung geschehen, damit sie den Menschen zeigen, wie die Bäume sehr wichtig im Leben sind. Als Energie und beim Kochen sollten sie nur erneuerbare Energie verwenden. So können sie den anderen dabei helfen und sie ermutigen, erneuerbare Energie zu benutzen. Allerdings ist es wünschenswert, dass sie sich dafür einsetzen, für die Menschen zu sprechen, die keinen Strom haben. Es gibt nämlich wenig Menschen in Burundi, die Strom haben. 2016 hatten nur 8% der Burundier den Zugang zum Strom.[314] Bei der Aufforstung sollten sie die ersten sein, die sich dafür engagieren. So würden sie auch eine Hilfe für die Tiere leisten, weil diese Tiere wieder einen Raum haben könnten. Die Urwälder oder andere Arten von Bäumen und Früchten, die die Missionare eingepflanzt haben, aber die nicht vermehrt wurden, laufen Gefahr verschwendet zu werden. Darauf zu achten ist die Aufgabe zunächst dieser Leiter.

Nach Papst Franziskus ist der Dialog zwischen den Religionen für den Umweltschutz sehr wichtig, weil die Mehrheit der Bewohner der Erde sich als Glaubende bezeichnet.[315] Dieser Dialog ist auch wichtig in Burundi, weil die Mehrheit der Burundischen gläubig ist. So sollten Bischöfe von der Katholischen Kirche mit den anderen Religionen in Burundi zusammenarbeiten, um die

---

Réconciliation- Avenir : L'Afrique et l'Europe. Peace- Reconciliation- Future : Africa and Europe Band 1, LIT Berlin, 2021. S. 81-104.

[312] Vgl. Caritas Burundi, (2021), A.a.O., S. 9.

[313] Vgl. Bacinoni, V., (2013), A.a.O., S. 7.

[314] Vgl. Statistica Research Department, Accès à l'électricité au Burundi, 10.01.2019, in : https://fr.statista.com/statistiques/954707/acces-electricite-burundi/#statisticContainer. Letzter Abruf am 13.10.2021.

[315] Vgl. Laudato Si, Nr. 201.

Schöpfung zu bewahren. Insofern haben sie in diesem Jahr 2021 eine Tagung mit den anglikanischen Bischöfen veranstaltet. In dieser von Caritas organisierten Tagung der katholischen und anglikanischen Bischöfe haben sie viele Entscheidungen getroffen. Darunter gibt es eine Entscheidung über die Anwaltschaft für die Umweltpolitik zu übernehmen.[316] In diesem Fall erfüllen die Bischöfe die Rolle der Anwaltschaft für die Schöpfung, eine der Aufgaben der Caritas.

Die Führer der Kirche in Burundi haben die Christen anzuregen und für sie ein Beispiel zu sein. Dann können die Christen diesem Beispiel bei der Bewahrung Schöpfung folgen. Die Leiter und die Christen können die Kraft dazu in der Spiritualität schöpfen.

5.6 Versöhnung mit der Schöpfung, eine entsprechende ökologische Spiritualität für Burundi

Eine der Definitionen der Spiritualität impliziert „eine Sehnsucht nach persönlicher Harmonie, Echtheit, Friedfertigkeit, Tiefe und Achtsamkeit im Umgang mit sich, mit anderen und mit der Schöpfung; sie ist offen für Transzendenzerfahrungen und für das ,Geheimnis' von Leben."[317] Diese Definition entspricht der ökologischen Spiritualität von Papst Franziskus. Denn die ökologische Spiritualität im Frieden besteht. Dieser Friede bedeutet „das Gleichgewicht mit sich selbst, das solidarische mit den anderen, das natürliche mit allen Lebewesen und das geistliche mit Gott."[318] Das wird durch die Liebe geschafft, daraus sich die Selbsthingabe ergibt. Das wird im Folgenden gezeigt.

Die ökologische Spiritualität ist möglich. Jesus hat in der Harmonie mit der Schöpfung gelebt.[319] „Was ist das für ein Mensch, dass ihm sogar die Winde und der See gehorchen?" (vgl. Mt 8,27) Der Heilige Franziskus von Assisi hat auch diese Harmonie erlebt, dadurch, dass er in der Natur gewohnt hat und mit Gott,

---

[316] Vgl. Caritas Burundi, (2021), A.a.O., S9.
[317] Baumann, K., Religiosität bzw. Spiritualität und Traumabewältigung, S. 21, in: Klaus Baumann, Rainer Bendel, Déogratias Maruhukiro (Hg), Beiträge zu Theologie, Kirche und Gesellschaft im 20. Jahrhundert, Band 30, Flucht, Trauma, Integration, Nachkriegseuropa und Ruanda/Burundi im Vergleich, LIT, Berlin 2018.
[318] Laudato Si, Nr. 210.
[319] A.a.O., Nr. 98.

mit sich selbst, mit den Menschen und den Tieren in Harmonie war.[320] Der Heilige Benedikt „kennt keine Trennung von sakral und profan. Alles in dieser Welt ist heilig, weil alles durchdrungen ist vom schöpferischen Geist Gottes.“[321](sic) Nach der Schöpfungsspiritualität des heiligen Benedikt hatte das Kloster verschiedene Tätigkeiten, die die Schönheit des Schöpfers durch die Schöpfung strahlte. „Das Kloster war ein Mikrokosmos, Abbild von Gottes Schöpfung.“[322]

Die heilige Hildegard von Bingen hat gezeigt, wie eine gute Beziehung zur Schöpfung ein Heilmittel sein kann. In diesem Sinn hat sie die Pflanzen und die Erde als Heilsmittel gebraucht. „Lebensmittel sind die ‚Mittel zum Leben‘, die Mittel, mit denen wir unsere Gesundheit optimal erhalten oder sie wiederherstellen können, wenn sie durch Krankheit beeinträchtigt worden ist.“[323] Diese Beziehung ist ein Ausdruck der Harmonie mit der Schöpfung.

Eine Schöpfungsspiritualität fördert das ökologische Engagement, damit die Menschen einen entsprechenden Lebensstil entwickeln. Der Lebensstil sollte „ruhiger, respektvoller, weniger ängstlich besorgt und brüderlicher“[324] sein. Die Kirche hat diese Besonderheit, die Menschen zu fördern, weil sie zu den Herzen spricht und sie berührt. Denn „wir sprechen von einer Haltung des Herzens; das alles mit gelassener Aufmerksamkeit erlebt; das versteht, jemandem gegenüber ganz da zu sein, ohne schon an das zu denken, was danach kommt; das sich jedem Moment widmet wie einem göttlichen Geschenk, das voll und ganz erlebt werden muss.“[325] Trotzdem geht es nicht „über Ideen, sondern vor allem über die Beweggründe zu sprechen, die sich aus der Spiritualität ergeben, um eine Leidenschaft für den Umweltschutz zu fördern.“[326] Weil die Umwelt durch die Aktivitäten der Menschen verschmutzt wird, kann die Schöpfungsspiritualität die ökologische Umkehr nicht übersehen.

---

[320] A.a.O., Nr. 10.
[321] Grün. A., Seuferling, A., Benediktische Schöpfungsspiritualität, Vier-Türme-Verlag, Münsterschwarzach, 2002, S. 26.
[322] A.a.O., S. 94.
[323] Wigbard Streblow, Die Ernährungstherapie der Heiligen Hildegard, Rezepte, Kuren und Diäten, Bauer, Freiburg, 1993, S. 11.
[324] Querida Amazonia, Nr. 58.
[325] Laudato Si, Nr. 226.
[326] A.a.O., Nr. 216.

Die Spiritualität ist in Burundi auch „im Sinn der Versöhnung mit der Schöpfung"[327] zu verstehen. In oberen Kapiteln wurde gezeigt, wie es unterschiedliche soziale und ökologische Krisen gegeben hat. Die Versöhnung zu fördern ist eine Lösung verschiedener Probleme, woran die Burundier leiden. Die Kirche in Burundi hat im vergangenen Jahrzehnt eine Synode über die Versöhnung gehalten. Die Nachsynodalen Schreiben von der Mehrheit der Diözesen wurden veröffentlicht.[328] Freilich ist zu betonen, dass es in diesen Nachsynodalen Schreiben, die schon veröffentlicht worden sind, nichts über die Versöhnung mit der Schöpfung erwähnt wurde.

Die oben genannten Ordensgemeinschaften, die sich besonders um die Schöpfung kümmern, gibt es auch in Burundi und ihre Gegenwart und ihre Aktivitäten sind Beispiele für die Burundier. Diese Gemeinschaften sind Franziskaner-Innen und Benediktiner-Innen. Auch hat es viele Tagungen, Konferenzen und Verhandlungen über die Versöhnung in Burundi gegeben. Unter anderem hat es viele Wallfahrten aus dem Motiv der Versöhnung gegeben.[329] Viele Artikel und Bücher sind geschrieben worden.

Die Ergebnisse sind zu loben, weil die Burundier einen Schritt nach vorne zur Versöhnung gemacht haben. Es ist zu sehen, dass die Kirchen am Sonntag voll sind und es ist ein Zeichen, dass die Burundier sich immer mehr mit Gott versöhnen wollen. Diese Gebete helfen bei der Versöhnung mit sich selbst, weil das Gebet den inneren Frieden schenkt. Diese Versöhnung mit Gott und mit sich selbst ist die Quelle der Versöhnung mit den Mitmenschen und das ist in Burundi durch verschiedene Fälle der Versöhnungen zu bemerken. Aber es gibt noch viel zu tun, weil es noch politische Unsicherheit und Flucht gibt. Im Bereich der Umwelt gibt es noch mehr zu tun. Denn die Lage ist bedauerlich. Diese ökologische Spiritualität kann einen Beitrag zur Verbesserung der Situation leisten.

Weil das Gebet die Kraft des Lebens ist, sollten die Christen für die Bewahrung der Schöpfung sowohl im Gottesdienst als auch außerhalb dessen beten. Beispielsweise könnten sie eines oder beide Gebete benutzen, die in „Laudato Si"

---

[327] A.a.O., Nr. 218.
[328] In Burundi gibt es 8 Diözesen und 5 haben schon die Nachsynodalen Schreiben veröffentlicht. Diese sind Bujumbura, Gitega, Muyinga, Ngozi und Ruyigi.
[329] Vgl. Maruhukiro, D., Histoire d'une Mission, Préface de Mgr Benoît Rivière, Parole et Silence, 2015, S. 107-121

zu finden sind.[330] Denn „eine Kirche, die vergisst, für die Umwelt zu beten, ist eine Kirche, die sich weigert, der leidenden Menschheit Speise und Trank zu geben."[331] Der am 01.09 jeden Jahres stattfindende Weltgebetstag[332] sollte auch in Burundi mitgefeiert werden. Die burundische Kirche sollte auch den Zeitraum vom 01.09 bis zum 04.10., dem Gedenktag des heiligen Franziskus, der Schöpfungsbewahrung widmen, wie es von der ganzen Kirche geplant wird.[333] Auch die Kirche in Burundi sollte annehmen und lehren, dass die Sorge um das gemeinsame Haus eines der Werke der Barmherzigkeit ist.[334] Die Mutter Gottes und „Königin der ganzen Schöpfung" hat Mitleid mit dieser verletzten Welt und kann uns dabei helfen, die Welt mit reiferen Augen anzusehen.[335]

Schlussbetrachtung

In diesem Teil der Arbeit wird zuerst die Zusammenfassung gemacht. Danach kommen die Vorschläge und am Ende kommen die Grenzen und die Vorschläge für die Möglichkeiten der weiteren Forschung.

Im Kapitel über die Lage der Umwelt in Burundi wird gezeigt, wie es sich mit dem Klimawandel in Burundi verhält. Denn es gibt manchmal zu viel Regen oder zu wenig. Dann ist die Landwirtschaft betroffen, und es gibt keine genügende Ernte. Es wird auch gezeigt, dass die Temperaturen steigen und sie können auch weitersteigen. Insofern ist der Klimawandel sowohl eine Konsequenz als auch eine Ursache der Umweltverschmutzung und -zerstörung.

Die Luft ist in Burundi besonders wegen der gebrauchten Autos aus Europa, Japan und USA verschmutzt. Außerdem wird das Buschfeuer die Luft

---

[330] Laudato Si (am Ende der Enzyklika nach der Nummer 246).

[331] Bartholomaios, Vorwort des Ökumenischen Patriarchen von Konstantinopel, A.a.O., S. 13.

[332]Vgl. Papst Franziskus, Geistliche Motive für die Sorge um die Schöpfung, Schreiben zur Einführung des Weltgebetstags zur Bewahrung der Schöpfung, 6.8.2015, S. 59-60, in: Papst Franziskus, Unsere Mutter Erde, A.a.O., S. 59-62.

[333] Vgl. Papst Franziskus, Erweisen wir unserem gemeinsamen Haus Barmherzigkeit, Botschaft zu Weltgebetstag für die Bewahrung der Schöpfung 2016, S. 64, in: Papst Franziskus, Unsere Mutter Erde, A.a.O., S. 63-74.

[334] A.a.O., S. 73.

[335] Vgl. Laudato Si, Nr. 241.

verschmutzen. Das Kochen trägt auch zur Luftverschmutzung bei. Denn viele Burundier kochen noch auf offenen Feuerstellen. Die Landwirtschat ist in Burundi eine Ursache der Luftverschmutzung wegen der chemischen Düngung. Das Phänomen von Smog ist auch eine Art der Verschmutzung der Luft. Auch das Kohlendioxid von reichen Ländern kann sich bis in arme Länder bewegen und kann dort die Luft verschmutzen.

Der Boden ist auch verschmutzt wegen der Abholzung und ihrer Konsequenzen. Diese sind Erosion und die Erdrutsche, die vieles zerstören können. Außerdem wird der Boden von Plastik, Dosen, Tüten und Abfällen der Haushalte verschmutzt. Der Bergbau, die Pestizide in der Landwirtschaft, die militärischen Übungen sind auch Aktivitäten, die den Boden verschmutzen und zerstören.

In Burundi gibt es viel Wasser. Die Flüsse und die Seen der Städte und deren Umgebung sind am meisten verschmutzt. Die Abwässer, Öl von Industrien und Transport in den Seen, die Landwirtschaft und das Suchen nach dem Baumaterial in Seen und Flüssen sowie auch das Bauen in dessen Nähe verschmutzen das Wasser. Der Mangel an Toiletten in vielen Familien ist auch ein Faktor der Verschmutzung des Wassers. Diese Verschmutzung bewirkt, dass es immer weniger Trinkwasser gibt.

Die Biodiversität in Burundi ist gefährdet zum einen wegen der Buschbrände. Zum anderen sind die Landwirtschaft und die Überweidung, der Krieg und die Übernutzung durch Tiere, das chemische Düngen und die Wasserhyazinthe für die Biodiversität gefährlich. Die Spaltung der burundischen Bevölkerung hat zu verschiedenen Konflikten und Kriegen geführt, sodass der Umwelt geschadet wurde. Die Lebensqualität der Menschen ist dann gefährdet und auch für die Umwelt gefährlich.

Im dritten Kapitel ging es um die Armut als die Hauptursache der Umweltzerstörung in Burundi. Eine große Anzahl der Bevölkerung lebt von der Landwirtschaft und sie benutzt immer noch die Hacke beim Anbau und das Einkommen ist immer noch klein. Unter den Menschen, die verdienen, gibt es auch viele, deren Einkommen unzureichend ist. Das kann die Ursache der Umweltverschmutzung sein, dadurch, dass die Menschen beim Anbauen nur billigere aber keine umweltfreundliche Düngung kaufen. Es wurde gezeigt, dass es bei den Armen eine immer größere Geburtenrate gibt und die Bevölkerung nicht von der Regierung angenommen wird. Dann suchen die Menschen irgendwie und überall die Möglichkeiten zu überleben. Die Abholzung ist eine Folge dafür. Das kleine Einkommen hindert die Menschen, sich um die Umwelt zu kümmern und an die nächsten Generationen zu denken, weil die Armen zunächst an ihr Überleben denken müssen.

Das Fehlen an Bildung ist eine andere Art der Armut, die die Umwelt verschmutzen kann. Also ist der Mangel an Wissen ein Grund dafür, dass die Menschen nicht wissen, wie sie die Umwelt schützen können. Die Armut kann auch die soziale Ungerechtigkeit verursachen und die soziale Ungerechtigkeit und ihre Konsequenzen können eine Ursache der Umweltzerstörung sein. Diese Armut ist ein Hindernis, an die künftigen Generationen zu denken, weil zuerst man etwas haben muss, um den anderen zu Hilfe zu kommen.

Im vierten Kapitel ging es um theologische Gründe des Umweltschutzes. Es wurde gezeigt, dass Gott der Schöpfer der schönen Schöpfung ist. Er hat alles aus seiner Liebe gemacht. Diese Liebe hat er in den Menschen, sein Abbild hineingelegt. Sowohl der Mensch als auch die ganze Schöpfung spiegeln die Liebe Gottes wider. Weil der Mensch das Abbild Gottes ist, ist seine Würde zu respektieren. Gott, der Liebe ist, hat den Menschen aufgetragen, die schöne Schöpfung zu bebauen und zu behüten. Dieser Auftrag ist aus Liebe erteilt und ist aus Liebe zu erfüllen. Darüber hinaus besteht dieser Auftrag in Liebe. Deshalb ist er realisierbar.

Jedoch hat der Mensch dem Gott der Liebe nicht immer gehorcht. Er hat gesündigt und diese Sünde hat die Beziehung zu Gott, zu dem Menschen selbst, zu den Mitmenschen und zu der ganzen Schöpfung gebrochen. Diese Sünde ist die Ursache aller individuellen, sozialen und ökologischen Krisen. Dann hat Gott dieses Elend des Menschen und der ganzen Schöpfung gesehen und hat seinen Sohn in die Welt geschickt, um sie zu retten. Dank dieser Erlösung ist die Schöpfung wieder gut und schön geworden. Die Erlösung ist auch die Grundlage aller individuellen, sozial-ethischen und ökologischen Prinzipien.

Im fünften Kapitel hat es sich um den Beitrag der Kirche und ihrer Caritas zur Bewahrung der Schöpfung gehandelt. Die Kirche als die Gemeinschaft der Liebe hat hier eine Rolle zu spielen, um allen Geschöpfen im Allgemeinen und den Ärmsten im Besonderen zu helfen und sie zu schützen. Denn „Freude und

Hoffnung, Trauer und Angst der Menschen von heute, besonders der Armen und Bedrängten aller Art, sind auch Hoffnung, Trauer und Angst der Jünger Christi. Und es gibt nichts wahrhaft Menschliches, das nicht in ihren Herzen seinen Widerhall fände."[336]Die Schöpfung ist auch arm und schreit um Hilfe. Deshalb kümmert sich die Kirche darum.

Die Kirche und ihre Caritas leisten diesen Beitrag des Dienstes an der Schöpfung zum einen durch die vier Aufgaben der Caritas. Diese Aufgaben sind die Sozialdienstleistung, das Stiften von Solidarität, die politische Anwaltschaft und die Bildung. Durch die Sozialdienstleistung kommen die Kirche und ihre Caritas den Armen und den Bedrängten aller Art sowie auch der Schöpfung zur Hilfe. Durch das Stiften von Solidarität helfen die Kirche und ihre Caritas den Menschen, Hilfe für die anderen zu leisten, „wie schon das Motto der Diakonie ‚stark für andere' illustriert."[337] Das Motto der Diakonie sollte die Schöpfung betrachten. Es würde lauten: „Stark für andere und für die ganze Schöpfung". Die politische Anwaltschaft ist eine Aufgabe der Caritas, die die Gläubigen ermutigt, für die Armen und auch für die Schöpfung Anwalt zu sein. Die Bildung brauchen alle Menschen, damit sie mehr sind und wissen, wie sie den anderen und der Schöpfung helfen können. Daher bietet die Kirche die Möglichkeit eine qualifizierte Arbeit zu erledigen.

Die Kirche agiert auch durch ihre Sendungen. Durch ihre prophetische Sendung verkündet die Kirche das Wort Gottes allen Geschöpfen. Der Inhalt der Verkündigung des Wortes Gottes ist die Liebe zu den Armen. Dann betrifft diese Liebe auch die ganze Schöpfung und die nächste Generation, weil die Liebe keine Grenze hat. Diese Verkündigung der frohen Botschaft dient an der Bildung und an der Umwelterziehung. Die Kirche in Burundi hat verschiedene Stätten dazu. Beispielsweise die Gottesdiente, die Schulen, die Basisgemeinden, die Familien usw.

Die Verkündigung darf die Unterentwicklung des Landes nicht übersehen. Deshalb engagiert sich die Kirche auch für die Armutsbekämpfung und für die nachhaltige

---

[336] Gaudium et Spes, Nr. 1
[337] Gern, Wolfgang; Segbers, Franz, Allianzen der Solidarität und die Option für die Armen, Selbstvertretung der Armen zwischen Sozialen Bewegungen und kirchlichen Wohlfahrtsverbänden, S. 625, in: Eurich, Barth, Baumann, Wegner (Hrsg.), Kirchen aktiv gegen Armut und Ausgrenzung, A.a.O., S. 621-635.

Entwicklung. Denn „die Kirche wünscht mit ihrer langen geistlichen Erfahrung, mit ihrem erneuerten Bewusstsein über den Wert der Schöpfung, mit ihrer Sorge um die Gerechtigkeit, mit ihrer Option für die Geringsten, mit ihrer erzieherischen Tradition und ihrer Geschichte der Inkarnation in so verschiedenen Kulturen auf der ganzen Welt ebenso ihren Beitrag zur Bewahrung"[338] der Schöpfung und zur nachhaltigen Entwicklung in Burundi zu leisten.

 Die Sendung der Heiligung trägt auch zur Bewahrung der Schöpfung bei. Alle Sakramente im Allgemeinen und das Sakrament der Eucharistie im Besonderen sind die Quelle der Liebe und des Engagements für die Gottes- und Nächstenliebe und für die Leidenschaft für den Umweltschutz. Weil diese Sendung am meisten die Elemente der Umwelt gebraucht, ermutigt sie die Gläubigen, die Schöpfung durch verschiedene Tätigkeiten zu schützen. Diese Tätigkeiten sind beispielsweise die Aufforstung, die Abfälle zu organisieren, das Wasser zu reinigen, den Boden und die Luft zu schützen. In der COP26 wurden auch der Stopp der Entwaldung und die Wiederaufforstung als Ergebnisse der Konferenz in Betracht gezogen.[339] Diese Aktivitäten können auch von allen erledigt werden. Allerdings werden sie von der Kirche und ihrer Caritas aus Liebe gemacht, dann können sie nachhaltig erfüllt werden.

Die Mission der Leitung liegt im Gottes Herzen, der den Menschen gute Führer schicken möchte. Diese Sendung ist sehr wichtig für Burundi, weil alle Burundier im Bereich der Bewahrung der Schöpfung Leader brauchen. Die kirchlichen Führer lehren und erledigen verschiedene Aktivitäten der Bewahrung der Schöpfung aus Liebe. Die Liebe zeigt sich als Motivation, Mittel und Ziel des Umweltschutzes. Das ist auch die Eigenschaft der Kirche, die auch ihre Aktivitäten bezeichnet. Weil es in Burundi viele Kriege und viele Auswirkungen davon gegeben hat, ist es notwendig, dass die Christen von der ökologischen Spiritualität die Kraft der Bewahrung der Schöpfung schöpfen. Es handelt sich hier um die Versöhnung des Menschen mit Gott, mit sich selbst, mit den Mitmenschen und mit der ganzen Schöpfung.

---

[338] Querida Amazonia, Nr. 60
[339] German Zero, Stellungnahme zu den Ergebnissen der COP26, Positionsabgleich, November 2021, S. 4, in: https://germanzero.de/media/pages/assets/06d3998b3c-1638758195/211126_germanzero_stellungnahme_cop26.pdf.

Die Fragestellung dieser Arbeit ist: welche Rolle spielen die Kirche und ihre Caritas in der Bewahrung der Schöpfung in Burundi? Die Antwort auf diese Frage wurde durch diese Arbeit gezeigt. Aber zusammengefasst lautet die Antwort: Der Dienst der Kirche aus Liebe an der ganzen Schöpfung durch die Aufgaben der Caritas und die Sendungen der Kirche. Diese Liebe ist „in der Logik der Sendung Jesu als diaconia „für uns Menschen und zu unserem Heil", also in der Logik der agape=Caritas des dreieinen Gottes, d.h. in der Liebe, die Gott zu den Menschen und seiner Schöpfung hat."[340]

Dazu hat die Kirche in Burundi Vorteile, und zwar: Erstens, die Tatsache, dass die Katholiken in Burundi die Mehrheit der Bevölkerung sind. Zweitens, die Bevölkerung ist jung. Drittens, die Basisgemeinden spielen eine wichtige Rolle in der Pastoral der Kirche. Viertens hat die Kirche der Caritas Burundi die Aufgabe der Bewahrung der Schöpfung anvertraut. Und fünftens, die Schätzung des Wertes der Familie.

Vorschläge

Als Vorschläge könnte die Caritaswissenschaft die Bewahrung der Schöpfung noch als ihre wichtige Aufgabe betrachten. Die Kirche in Burundi sollte auch in ihrer Pastoral eine besondere Kommission erstellen, die in allen Strukturen der Kirche bis in die Basisgemeinden erscheinen kann, sodass es allen Christen bewusst wird, dass die Bewahrung der Schöpfung sehr wichtig ist. Durch diese Kommission könnte die Kirche mit dem Staat zusammenarbeiten. Die Kirche sollte auch die Christen ermutigen, immer für die Schöpfung zu beten.

Grenzen und die Möglichkeit des Weiterforschens

Diese Arbeit ist begrenzt, weil das Thema umfangreich ist. Der Umweltschutz braucht die Intervention vieler Wissenschaften und das Engagement von jedem und von allen. Deshalb kommen hier viele Wissenschaften zu Wort. Der Umweltschutz in Burundi, wie in allen armen Ländern, hängt mit der Entwicklung

---

[340] Baumann, K., Theologie der Caritas- ein verheißungsvolles offenes Arbeitsfeld, S. 23, in: Klaus Baumann (Hg.), Theologie der Caritas, Grundlagen und Perspektiven für eine Theologie, die dem Menschen dient, Festschrift für Heinrich Pompey aus Anlass seines 80. Geburtstages, Studien zur Theologie und Praxis der Caritas und sozialen Pastoral 31, Echter, Würzburg, 2017. S. 21-26.

zusammen. Es bedarf dann einer Forschung im Bereich des Umweltschutzes und der Entwicklung. Die ökologische Spiritualität hat als Ziel die Harmonie mit Gott, mit sich selbst, mit den Mitmenschen und mit der ganzen Schöpfung. Diese Spiritualität kann eine Grundlage der Forschung im Bereich des Friedens und der Versöhnung sein. Denn diese Harmonie bedeutet selbst Friede. Und sie kann Versöhnung fördern, wenn sie die Versöhnung mit der Schöpfung schafft. In dieser Arbeit wird das Thema Leadership nicht behandelt. Eine weitere Forschung über die Rolle des Leaderships im Umweltschutz kann dabei helfen. Wenn es keine gute Führung gibt, gibt es immer Schwierigkeiten, die Regeln und Gesetze umzusetzen und die Umwelt zu schützen

Verzeichnis der Abkürzungen

COPED : Conseil pour l'Education et le développement (Diözesane Caritas Bururi)

DR Kongo: Demokratische Republik Kongo

Griech griechisch

MUSO(s) : Mutuelles de Solidarité

UN : United Nations

UNDP : United Nations Development Programme

UNEP : United Nations Environment Programme

Oxfam : Oxford Committee for Famine Relief

Regideso: Régie de distribution d'eau

DDT: Dichlordiphenyltrichlorethan (Insektizid)

COP: Conference of the Parties

Literaturverzeichnis

Ansorge, Dirk; Kehl, Medard, Und Gott sah, dass es gut war, eine Theologie der Schöpfung, 3., aktualisierte und erweiterte Auflage, Herder, Freiburg, 2018.

Archidiocèse de Bujumbura, Actes du premier Synode Diocésain, « il nous a confié le Ministère de la Réconciliation » (2cor. 5,18), Presses Lavigerie, Bujumbura, 2019.

Augustinus Bekenntnisse, übersetzt von Joseph Bernhart, Nachwort und Anmerkungen von Hans Urs von Balthasar, Fischer Bücherei, Frankfurt am Main und Hamburg.

Banyankiye, Pierre Claver, chiffre alarmant sur le chômage des jeunes, 28.02.2018, in : https://www.iwacu-burundi.org/chiffre-alarmant-sur-le-chomage-des-jeunes/#:~:text=Aujourd'hui, %20il%20est%20évident%20que%20les%20jeunes%20burundais,montre%20l'absence%20de%20la%20politique%20d'emploi%20au%20Burundi. Letzter Abruf am 05.10.2021.

Bartholomaios, Vorwort des Ökumenischen Patriarchen von Konstantinopel, in: Papst Franziskus, Unsere Mutter Erde, Gemeinsam die Schöpfung bewahren, Giulio Cesareo (Hg.), Patmos, Ostfildern, 2020. S. 7-14.

Bashirahishize, Dieudonné, Burundi la nation prise en otage, Vérone, paris, 2020.

Baumann, Klaus, Caritaswissenschaft, ihre Ursprünge und Aktualität, in: Neue Caritas Jahrbuch 2016, S. 139-145.

Baumann, Klaus, Die Enzyklika „Deus Caritas est" Papst Benedikt XVI, und ihre Bedeutung für die Kirche und ihre Caritas, 10 Juli 2006 bei den „Freiburger Caritasgesprächen zur Sozial- und Gesellschaftspolitik.

Baumann, Klaus, Gerechtigkeit und Wahrheit- Vergebung und Versöhnung: einige caritaswissenschaftliche Überlegungen und Perspektiven, in: Klaus Baumann, Rainer Bendel, Déogratias Maruhukiro (Hg.), Gerechtigkeit, Wahrheitsfindung, Vergebung und Versöhnung, Justice, Vérité, Pardon et Réconciliation, Ansätze zur Friedenspolitik in Nachkriegsgebieten, Approches des politiques de paix dans les pays post-conflit, LIT, Berlin, 2021. S. 19-28.

Baumann, Klaus, Lehrbrief 20, Diakonie als Wesensvollzug der Kirche, Der Christliche Glaube: Aufbaukurs, Herausgeber: Theologie im Fernkurs, Katholische Akademie Domschule, 97031, Würzburg, 2013.

Baumann, Klaus, Sozialpolitische Anwaltschaft gegen Armut und soziale Ausgrenzung- eine Grundfunktion verbandlicher Caritas, in: Eurich, Barth, Baumann, Wegner (Hrsg.), Kirchen aktiv gegen Armut und Ausgrenzung, Theologische Grundlagen und praktische Ansätze für Diakonie und Gemeinde, Kohlhammer, Stuttgart, 2009, S. 445-459.

Baumann, Klaus, Religiosität bzw. Spiritualität und Traumabewältigung, in: Klaus Baumann, Rainer Bendel, Déogratias Maruhukiro (Hg), Beiträge zu Theologie, Kirche und Gesellschaft im 20. Jahrhundert, Band 30, Flucht, Trauma, Integration, Nachkriegseuropa und Ruanda/Burundi im Vergleich, LIT, Berlin, 2018, S. 17-28.

Baumann, Klaus, Theologie der Caritas- ein verheißungsvolles offenes Arbeitsfeld, in Klaus Baumann (Hg.), Theologie der Caritas, Grundlagen und Perspektiven für eine Theologie, die dem Menschen dient, Festschrift für Heinrich Pompey aus Anlass seines 80. Geburtstages, Studien zur Theologie und Praxis der Caritas und sozialen Pastoral 31, Echter, Würzburg, 2017. S. 21-26.

Bischof Bacinoni, Venant, Dusubize hamwe n'Imana mukubungabunga ivyo yaremye, inyigisho y'ukwitegurira umusi mukuru wa pasika umwaka w'2013, Bururi.

Bisore Simon, Mécanisme pour un développement propre (MDP) du protocole de Kyoto : Barrières et Opportunités pour les pays moins avancés d'Afrique : Cas du Burundi, Thèse de Doctorat, Université Libre de Bruxelles, Université d'Europe, Bruxelles, 2012.

Boff, Leonardo, Kleine Sakramentenlehre, Patmos, Ostfildern, 2010.

Bukuru, Pacifique, Taux de chômage des jeunes, 55,2% rural-65,4% urbain, l'agri-business, un moyen de sortie ? 02.07. 2019, in: https://www.jimbere.org/taux-chomage-burundi-jeunes-agri-business/. Letzter Abruf am 05.10.2021.

Bureau du vérificateur général du Canada, Annexe1- les activités humaines et leurs effets possibles sur l'environnement, in : https://www.oag-bvg.gc.ca/internet/Francais/meth_gde_f_19283.html. Letzter Abruf am 05.10.2021.

Burundi Nature Action, Stratégie pour la limitation de la pollution du Lac Tanganyika, Bujumbura, 2014, in : https://www.birdlife.org/sites/default/files/attachments/strat_gie_pour_la_limitation_de_la_pollution_du_lac_tanganyika.pdf. Letzter Abruf am 05.10.2021

Caritas Burundi, Cinq ans de « Laudato Si », Rapport de mise en Œuvre, Bujumbura, 2020.

Caritas Burundi, Contribution à la prévention et à la réponse contre le Covid-19 au Burundi, Bujumbura, 2020.

Caritas Burundi, Synthèse de la Table ronde des Evêques catholiques et anglicans du Burundi sur la justice écologique, rôle du leadership religieux dans la réponse à la crise écologique, Bujumbura, 2021.

COPED, La synthèse de réalisation MUSO dans le Diocèse de Bururi en deux Phases successives et une troisième en cours, 2018, in : https://coped.org/2018/06/12/la-synthese-des-realisations-muso-dans-le-diocese-de-bururi-en-deux-phases-successives-et-une-troisieme-en-cours/. Letzter Abruf am 11.10.2021.

Commission des forêts d'Afrique centrale, Données géographiques -Burundi, in : https://comifac.org/etats-membres/burundi#:~:text=Le%20Burundi%20couvre%2027834%20Km2%20dont%2025%20200,et%20les%20lacs%20Cohoha%20et%20Rweru%20au%20Nord. Letzter Abruf am 13.09.2021.

Despotis, Athanasios, Philosophie, Kosmos und Ekklesia in Kol 1,15-20, in: Elisabeth Dieckmann; Verena Hammes; Jochen Wagner (Hg), Verantwortung für die Schöpfung, 10 Jahre ökumenischer Tag der Schöpfung, Herder, Freiburg, 2020, S. 133- 139.

Diyoseze ya Bururi, Ibiro Ndinganizabutumwa, Imibano Rukristu, Bururi, 2011.

Eurich, Barth, Baumann, Wegner (Hrsg.), Kirchen aktiv gegen Armut und Ausgrenzung, Theologische Grundlagen und praktische Ansätze für Diakonie und Gemeinde, Kohlhammer, Stuttgart, 2011, S. 13-14.

Focus, Umwelt Tanganjikasee ist „Bedrohter See des Jahres 2017", 31.01.2017, in: https://www.focus.de/wissen/diverses/umwelt-tanganjikasee-ist-bedrohter-see-des-jahres-2017_id_6573374.html. Letzter Abruf am 05.10.2021.

Futura Santé, Les différentes radiations émises par le Soleil, in : https://www.futura-sciences.com/sante/dossiers/medecine-soleil-risques-dangers-102/page/4/. Letzter Abruf am 05.10.2021.

German Zero, Stellungnahme zu den Ergebnissen der COP26, Positionsabgleich, November 2021, in: https://germanzero.de/media/pages/assets/06d3998b3c-1638758195/211126_germanzero_stellungnahme_cop26.pdf.

Gern, Wolfgang; Segbers, Franz, Allianzen der Solidarität und die Option für die Armen, Selbstvertretung der Armen zwischen Sozialen Bewegungen und kirchlichen Wohlfahrtsverbänden, in: Eurich, Barth, Baumann, Wegner (Hrsg.), Kirchen aktiv gegen Armut und Ausgrenzung, Theologische Grundlagen und praktische Ansätze für Diakonie und Gemeinde, Kohlhammer, Stuttgart, 2009, S. 621-635.

Gocht, Werner, Umwelt und Entwicklung, Armut als Ursache für Umweltschäden, in: Daecke. S.M., (Hrsg.) Ökonomie contra Ökologie? Wirtschaftliche Beiträge zu Umweltfragen, JB Metzler, 1995, SS 86-93. Google Scholar.

Greshake, Gisbert, Der Dreieine Gott, eine Trinitarische Theologie, Herder, Freiburg, 1997.

Grundgesetz für die Bundesrepublik Deutschland, Bundeszentrale für politische Bildung (Hg), Bonn, 2017.

Grün, Anselm, Boff, Leonardo, Neu denken- eins werden, Gott erfahren im Menschen und in der Welt, Vier-Türme-Verlag, Münsterschwarzach, 2017.

Grün. Anselm, Seuferling, Alois, Benediktische Schöpfungsspiritualität, Vier-Türme-Verlag, Münsterschwarzach, 2002.

Harerimana, Grégoire, Pastoral in der sich wandelnden Gesellschaft Afrikas, Neuevangelisierung als tragende Kraft der Entwicklung in Burundi, Inaugural-Dissertation zur Erlangung der Doktorwürde der Theologischen Fakultät der Albert-Ludwigs-Universität Freiburg im Breisgau, Freiburg, 2011.

Huber, Elisabeth, Armut und Umweltschutz, Potenziale und Barrieren im urbanen Raum Westafrikas, Transkript Verlag, Bielefeld, 2020.

https://trickleout.net/index.php/directory-pilot/burundi/coped-ishaka-microfinance. Letzter Abruf am 11.10.2021

https://www.intercontactservices.com/interhuman/wp-content/uploads/2021/05/IULP-Enseignants2_Appel-%C3%A0-manifestation-dint%C3%A9r%C3%AAt.pdf. Letzter Abruf am 11.10.2021.

II. Vatikanisches Konzil, Dogmatische Konstitution über die Kirche „Lumen Gentium".

II. Vatikanisches Konzil, Dogmatische Konstitution über die göttliche Offenbarung „Dei Verbum".

II. Vatikanisches Konzil, Konstitution über die Heilige Liturgie „Sacrosanctum Concilium".

II. Vatikanisches Konzil, Pastoral Konstitution über die Kirche in der Welt von heute „Gaudium et Spes".

II. Vatikanisches Konzil, Dekret über die Hirtenaufgabe der Bischöfe „Christus Dominus".

II. Vatikanisches Konzil, Dekret über das Laien Apostolat „Apostolicam Actuositatem".

II. Vatikanisches Konzil, Erklärung über die christliche Erziehung „Gravissimum Educationis".

Iwacu, Environnement, 2021, in : https://www.iwacu-burundi.org/news/environnement/. Letzter Aubruf am 30.08.2021.

Iwacu, Gitaza, le Spectre de Gatunguru, 30.03.2015, in: https://www.iwacu-burundi.org/gitaza-le-spectre-de-gatunguru-pluies-torrentielles-rumonge-tanganyika/. Letzter Abruf am 10.09.2021.

Joseph Ratzinger Benedikt XVI, Gott und die Welt, die Geheimnisse des christlichen Glaubens, Ein Gespräch mit Peter Seewald, Deutsche Verlags-Anstalt, München, 2005.

Kabanyegeye, Henri ; Masharabu, Tatien ; Yannick, Useni Sikuzani ; et al., Perception sur les espaces verts et leurs services écosystémiques par les acteurs locaux de la ville de Bujumbura (République du Burundi). Tropicultura, 38. Bruxelles, Belgium Agri-Overseas. 2020.

Katechismus der Katholischen Kirche.

Kinezero, Mathias, les conséquences des guerres sur l'environnement : Quelle Leçon pour la Région des Grands Lacs 10.07.2017, in : Ethique et Société, Revue de réflexion morale, in : https://www.res.bi/fr/content/les-consequences-des-guerres-sur-l'environnement-quelle-lecon-pour-la-region-des-grands-lacs. Letzter Abruf am 05.10.2021.

Les Actes du premier Synode Diocésain de l'Archidiocèse de Gitega, les Presses Lavigerie, Bujumbura, 2019.

Luftbewusst, Luftverschmutzung, Arten, Ursachen und Folgen, in: https://luftbewusst.de/umwelt/luftverschmutzung-arten-ursachen-und-folgen. Letzter Abruf am 05.10.2021.

Maheburwa, Gaspard, Changement climatique : la vulnérabilité au Burundi, 2015, in : https://www.info-afrique.com/52266-changement-climatique-la-vulnerabilite-au-burundi/. Letzter Abruf am 04.10.2021.

Maruhukiro, Déogratias, Des guerres civiles au défi de la paix : la vérié er la justice pour comprendre le confit burundais, Essai d'analyse compréhensive du confit burundais er apport de l'Eglise catholique dans la promotion de la paix et la réconciliation au Burundi, in : Klaus Baumann, Rainer Bendel, Déogratias Maruhukiro, (Hg.) Gerechtigkeit, Wahrheitsfindung, Vergebung und Versöhnung, Justice, Vérité, Pardon et Réconciliation, Ansätze zur Friedenspolitik in Nachkriegsgebieten, Approches des politiques de la paix dans les pays post-conflit. Frieden- Versöhnung- Zukunft : Afrika und Europa. Paix-Réconciliation- Avenir : L'Afrique et l'Europe. Peace- Reconciliation- Future : Africa and Europe Band 1, LIT Berlin, 2021. S. 81-104.

Maruhukiro, Déogratias, Für eine Friedens- und Versöhnungskultur, Sozial-politische Analyse, ethischer Ansatz und kirchlicher Beitrag zur Förderung einer Friedens- und Versöhnungskultur in Burundi, LIT, Berlin, 2020.

Maruhukiro, Déogratias, Histoire d'une Mission, Préface de Mgr Benoît Rivière, Parole et Silence, 2015.

Mbonerane, Albert, Conseil du Lac Tanganyika, Editions Universitaires Européennes, 2019.

Mendelson, Ben, Das sind die ärmsten Länder der Welt, 2021, in: https://www.wiwo.de/politik/ausland/ranking-das-sind-die-aermsten-laender-der-welt/26792056.html. Letzter Abruf am 05.10.2021.

Mergele, Heidi Elisabeth; Niragira, Sanctus; Biesalski, Hans Konrad; et al. The Challenge of food security and the Water-Energy-Food Nexus: Burundi Case Study. World Review of Nutrition und Dietetics, Vol. 121, 2020, S. 183-192.

Moltmann, Jürgen, Gott in der Schöpfung, Ökologische Schöpfungslehre, Chr. Kaiser, München, 1985.

Ndabashinze, Rénovat, Interview exclusive avec Dr. Samuel Ndayiragije : « La Biodiversité est en pleine Souffrance », 23.06.2020, in : https://www.iwacu-burundi.org/interview-exclusive-avec-dr-samuel-ndayiragije-la-biodiversite-est-en-pleine-souffrance/. Letzter Abruf am 05.10.2021.

Ndabashinze, Rénovat, « Lac Tanganyika, un Trésor oublié », 02.08.2018, in : https://www.iwacu-burundi.org/lac-tanganyika-un-tresor-oublie/. Letzter Abruf am 18.11.2021.

Ndabashinze, Rénovat, la pollution du Lac Tanganyika ne fléchit pas, 02.12.2019, in : https://www.iwacu-burundi.org/la-pollution-du-lac-tanganyika-ne-flechit-pas/. Letzter Abruf am 05.10.2021.

Ndabiseruye, Alphonse, „i Bukunzi ntibwira", (Es wird nie Nacht bei einem wahren Freund), Burundische und Biblische Sprichwörter über den Frieden. Ihr Beitrag und ihre Verwindung im Religionsunterricht in Burundi, Inaugural-Dissertation zur Erlangung des Doktorgrades der Katholischen Theologie an der Albert-Ludwigs-Universität Freiburg im Breisgau, 2000.

Ndabiseruye, Alphonse, Politische Alphabetisierung und Bewusstseinsbildung, Aufgabe kirchlicher Erwachsenenbildung in Burundi am Beispiel der Pädagogik Paulo Freires, LIT, Berlin, 2009.

Neue Summe Theologie 2, die neue Schöpfung, Peter Eicher (Hg), Herder, Freiburg, 1989.

Nimenya, Eugène, Die politische Dimension des Heils, Kirchlicher Einsatz für den Menschen in der politischen Gemeinschaft, unter besonderer Berücksichtigung von Burundi, Inauguraldissertation zur Erlangung des akademischen Grades eines Doktors. Eingereicht an der theologischen Fakultät der Albert-Ludwigs-Universität Freiburg i. Br. Februar 2012.

Nindorera, Alice, Aspects du patrimoine culturel contribuant à l'éducation relative à l'environnement au Burundi, 2019.

Niyongabo, Cyrille, Kirundo les lacs du nord menacés, 04.10.2017, in : https://www.iwacu-burundi.org/kirundo-les-lacs-du-nord-menaces/. Letzter Abruf am 05.10.2021.

Nkurunziza, Christophe, Plus de 15 hippopotames ont été tués depuis 2016 au Burundi, 06.04.2018, in : https://www.voaafrique.com/a/plus-de-15-jippopotmes-abattues-depuis-2016-au-burundi/4335802.html. Letzter Abruf am 05.10.2021.

Nkurunziza, François, Population- Agriculture et Environnement au Burundi, 1992.

Nothelle-Wildfeuer, Ursula, Armut und ihre Bekämpfung- eine Frage der Solidarität oder der Gerechtigkeit? Zur sozialethischen Begründung des Sozialstaats, in: Nothelle-Wildfeuer, Ursula, (Hrsg.), Hast du nichts, dann bist du nichts? Freiburg, 2009, S. 87-126.

Nothelle-Wildfeuer, Die Option für die Armen als Option für Beteiligung(sgerechtigkeit), in: Eurich, Barth, Baumann, Wegner (Hrsg.), Kirchen aktiv gegen Armut und Ausgrenzung, Theologische Grundlagen und praktische Ansätze für Diakonie und Gemeinde, Kohlhammer, Stuttgart, 2009, S. 135-157

Nothelle-Wildfeuer, Ursula, Grundelemente einer christlichen Schöpfungskonzeption im Ausgang von der Enzyklika „Laudato Si", in: Klaus Krämer, Klaus Vellguth (Hg.), Schöpfung, Miteinander leben im Gemeinsamen Haus, Herder, Freiburg, S. 148-158, in: https://www.missio-hilft.de/missio/informieren/wofuer-wir-uns-einsetzen/weltweit-vernetzte-theologie/thew/11/ThEW11_3.1.Ursula-Nothelle-Wildfeuer.pdf. Letzter Abruf 29.09.2021.

Nothelle-Wildfeuer, Ursula, Soziale Gerechtigkeit und Zivilgesellschaft, Paderborn; München; Wien; Zürich; Schöningh, 1999, Abhandlungen zur Sozialethik; Band 42, in: https://digi20.digitale-sammlungen.de/de/fs1/object/display/bsb00042981_00003.html. Letzter Abruf am 30.09.2021.

Nothelle-Wildfeuer, Ursula, Zur Theo-logik der christlichen Sozialethik, in: Klaus Baumann (Hg.), Theologie der Caritas, Grundlagen und Perspektiven für eine Theologie, die dem Menschen dient, Festschrift für Heinrich Pompey aus Anlass seines 80. Geburtstages, Studien zur Theologie und Praxis der Caritas und Sozialen Pastoral 31, Echter, Würzburg, 2017. S. 141-160.

Nsavyimana, Aaron, Réduire de 90 pour cent la consommation de Bois c'est possible, 2014, in : https://www.bi.undp.org/content/burundi/fr/home/ourwork/environmentandenergy/successstories/reduire-de-90--pour-cent-la-consommation-de-bois-c-est-possible/#. Letzter Abruf am 05.10.2021.

Ntahuga, Laurent., Conservation de l'environnement et de la nature au Burundi, Annales- Musée Royal de l'Afrique centrale sciences zoologiques, 268 : 3-10.

Nzigidahera, Benoît, vulnérabilité des forêts ombrophiles de montagnes aux changements climatiques au Burundi : Renforcement de leur pouvoir d'adaptation, in : République du Burundi, ministère de l'Eau, de l'environnement, de l'aménagement du territoire et de l'urbanisme, Bulletin scientifique de l'Institut national pour l'environnement et la conservation de la nature, Bulletin numéro 10, Museum, Bujumbura, 2012.

Olpen, Bernhard, Jetzt wächst Neues Schöpfungsverantwortung aus der Sicht eines Vertreters der Pfingstbewegung, 2012, in: Elisabeth Dieckmann, Verena Hammes; Jochen Wagner (Hg), Verantwortlich für die Schöpfung, 10 Jahre ökumenischer Tag der Schöpfung, Herder, Freiburg, 2020, S. 61-63.

Oxfam Deutschland, Nachhaltige Landwirtschaft und sauberes Wasser, in: https://www.oxfam.de/unsere-arbeit/projekte/burundi-wasser-sichere-zukunft. Letzter Abruf am 04.10.2021.

Papst Benedikt XVI, Nachsynodales Apostolisches Schreiben „Africae Munus" über die Kirche in Afrika im Dienst der Versöhnung, der Gerechtigkeit und des Friedens, 2011.

Papst Benedikt, Botschaft zur Feier des Weltfriedenstages, Die Armut bekämpfen, den Frieden schaffen 01.01.2009, in: https://www.vatican.va/content/benedict-xvi/de/messages/peace/documents/hf_ben-xvi_mes_20081208_xlii-world-day-peace.html. Letzter Aufruf am 05.10.2021.

Papst Benedikt XVI, Die Sozialenzyklika Liebe in Wahrheit „Caritas in Veritate", 2009.

Papst Benedikt XVI, Enzyklika „Deus Caritas est" über die christliche Liebe, 2005.

Papst Benedikt, Nachsynodales Apostolisches Schreiben „Sacramentum Caritatis" über die Eucharistie Quelle und Höhepunkt von Leben und Sendung der Kirche, 2007.

Papst Benedikt XVI, Weltfriedenstag 01.01.2010, in: https://www.vatican.va/content/benedict-xvi/de/messages/peace/documents/hf_ben-xvi_mes_20091208_xliii-world-day-peace.html. Letzter Abruf am 05.10.2021.

Papst Franziskus, Ansprache an die Organisation der Vereinten Nationen 25.09.2015, in: https://www.vatican.va/content/francesco/de/speeches/2015/september/documents/papa-francesco_20150925_onu-visita.html. Letzter Abruf am 15.11.2021.

Papst Franziskus, Botschaft zur Feier des XLVII. Weltfriedenstages, Brüderlichkeit- Fundament und Weg des Friedens, 01.01.2014, in: https://www.vatican.va/content/francesco/de/messages/peace/documents/papa-francesco_20131208_messaggio-xlvii-giornata-mondiale-pace-2014.html. Letzter Abruf am 05.10.2021.

Papst Franziskus, Das menschliche Leben hüten, den Planeten hüten, Ansprache an die Vollversammlung der FAO aus Anlass der Zeiten Welternährungskonferenz, 20.11.2014, in: Papst Franziskus, unsere Mutter Erde, Gemeinsam die Schöpfung bewahren, Giulio Cesareo (Hg), Patmos, Ostfildern, 2020, S. 55-58.

Papst Franziskus, Die Schöpfung als schönstes Geschenk Gottes, Generalaudienz, 21.05.2014, in: Papst Franziskus, Unsere Mutter Erde, Gemeinsam die Schöpfung bewahren, Giulio Cesareo (Hg), Patmos, Ostfildern, 2020, S. 48-50.

Papst Franziskus, Erwiesen wir unserem gemeinsamen Haus Barmherzigkeit, Botschaft zum Weltgebetstag für die Bewahrung der Schöpfung 2016, in: Papst Franziskus, Unsere Mutter Erde, Gemeinsam die Schöpfung bewahren, Giulio (Cesareo Hg), Patmos, Ostfildern, 2020, S. 63-74.

Papst Franziskus, Eine große Hoffnung, in: Papst Franziskus, Unsere Mutter Erde, Gemeinsam die Schöpfung bewahren, Giulio Cesareo (Hg), Patmos, Ostfildern, 2020, S. 115-128.

Papst Franziskus, Das Apostolische Schreiben „Evangelii Gaudium" über die Verkündigung des Evangeliums in der Welt von heute, 2013.

Papst Franziskus, Enzyklika „Fratelli tutti" über die Geschwisterlichkeit und die soziale Freundschaft, 2020.

Papst Franziskus, Geistliche Motive für die Sorge um die Schöpfung, Schreiben zur Einführung des Weltgebetstags zur Bewahrung der Schöpfung, 6.8.2015, in: Papst Franziskus, Unsere Mutter Erde, Gemeinsam die Schöpfung bewahren, Giulio Cesareo (Hg), Patmos, Ostfildern, 2020. S. 59-62.

Papst Franziskus, Die Enzyklika „Laudato Si" über die Sorge für das gemeinsame Haus, 2015.

Papst Franziskus, Persönliche, soziale und Ökologische Umkehr, Botschaft zur Kampagne der Brüderlichkeit der Kirche in Brasilien, 15.02.2017, in: Papst

Franziskus, Unsere Mutter Erde, Gemeinsam die Schöpfung bewahren, Giulio Cesareo (Hg), Patmos, Ostfildern, 2020. S. 75-78.

Papst Franziskus, Nachsynodales Apostolisches Schreiben „Querida Amazonia", 2020.

Papst Franziskus, Weltfriedenstag, 01.01.2020, in: https://www.vatican.va/content/francesco/de/messages/peace/documents/papa-francesco_20191208_messaggio-53giornatamondiale-pace2020.html. Letzter Abruf am 15.11.2021.

Papst Johannes Paul II, "Centesimus annus", 1991.

Papst Johannes II, Enzyklika „Ecclesia de Eucharistia" über die Eucharistie in ihrer Beziehung zur Kirche, 2003.

Papst Johannes Paul II, Nachsynodales Apostolisches Schreiben „Ecclesia in Afrika", 1995.

Papst Johannes II, Nachsynodales Apostolisches Schreiben „Pastores Dabo Vobis" über die Priesterausbildung im Kontext der Gegenwart, 1992.

Papst Johannes Paul II, Die Antrittsenzyklika „Redemptor hominis", 1979.

Papst Johannes Paul II, Apostolisches Schreiben im Anschluss an die Bischofssynode „Reconciliatio et Paenitentia", 1984.

Papst Johannes Paul II, Enzyklika „Veritatis Splendor" über einige grundlegende Fragen der kirchlichen Morallehre, 1993.

Papst Paul VI, Apostolisches Schreiben „Evangelii Nuntiandi", 1975.

Papst Paul VI, Enzyklika „Humanae Vitae" oder die Freiheit des Gewissens, 1968.

Papst Paul VI, Sozial-Enzyklika „Populorum progressio" über den Fortschritt der Völker, 1967.

Päpstlicher Rat für Gerechtigkeit und Frieden, Kompendium der Soziallehre der Kirche, Herder, Freiburg, 2004.

Pompey, Heinrich, Caritastheologische Resonanzen, Zur Tagung „Theologie der Caritas. Grundlagen und Perspektiven für eine Theologie, die dem Menschen dient", in: Klaus, Baumann, (Hg.), Grundlagen und Perspektiven für eine Theologie, die dem Menschen dient, Festschrift für Heinrich Pompey aus Anlass seines 80. Geburtstages, Studien zur Theologie und Praxis der Caritas und Sozialen Pastoral 31, Echter, Würzburg, 2017, S. 257-266.

République du Burundi, ministère de l'Eau, de l'environnement, de l'aménagement du Territoire et de l'urbanisme, Politique Nationale de l'eau, Bujumbura, 2009.

Revol, Fabien, l'écologie intégrale, une question de conversions, Editions des Béatitudes, 2020.

Rigumye, Mariette, Fait du jour/Montée des eaux du Lac Tanganyika, les dégâts continuent à se multiplier, 2021, in : https://www.iwacu-burundi.org/fait-du-jour-montee-des-eaux-du-lac-tanganyika-les-degats-continuent-a-se-multiplier/. Letzter Abruf am 10.09.2021.

Rigumye, Mariette, Inondations à Gatumba, « le déménagement des déplacés est inopportun », 2020, in : https://www.iwacu-burundi.org/inondations-a-gatumba-le-demenagement-des-deplaces-est-inopportun/. Letzter Abruf am 10.09.2021.

Rishirumuhirwa, Theodomir ; De Noni, Georges ; Roose, Eric ; et al., Environnement socio-économique et démographique et crise érosive au Burundi, 1995.

Rishirumuhirwa, Theodomir, Effets des crises politiques au Burundi sur les processus érosifs dans la région du Mirwa central numéro 50, in : Lutte antiérosif, Réhabilitation des sols tropicaux et protection contre les pluies exceptionnelles, IRD, 2012, in : https://www.openedition.org/6540. Letzter Abruf am 05.10.2021.

Rousseau, André, Les forêts indispensables à l'eau, 2009, in : https://www.ledevoir.com/non-classe/262641/les-forets-indispensables-a-l-eau. Letzter Abruf am 05.10.2021.

Statistica Research Department, Accès à l'électricité au Burundi, 10.01.2019, in : https://fr.statista.com/statistiques/954707/acces-electricite-burundi/#statisticContainer. Letzter Abruf am 13.10.2021.

UN, Europas Gebrauchtwagen bedrohen Afrikas Umwelt, 2020, in: https://www.wallstreet-online.de/nachricht/13071547-un-europas-gebrauchtwagen-bedrohen-afrikas-umwelt. Letzter Abruf am 05.10.2021.

Universalis, Burundi, in: https://www.universalis.fr/encyclopedie/burundi/. Letzter Abruf am 13.09.2021.

United Nations Information Service, Klimawandel, 09.08.2021, in: https://unis.unvienna.org/unis/de/topics/climate_change.html. Letzter Abruf am 04.10.2021.

UN Office for the Coordination of Humanitarian Affairs, Burundi, inondations et glissement de terrain Flash Update, No, 2, 8 décembre 2019, in : https://reliefweb.int/report/burundi/burundi-inondations-et-glissements-de-terrain-flash-update-no-2-8-d-cembre-2019. Letzter Abruf am 15.10.2021.

Urakeza, Cédric-Soledad, une partie des sinistrés des inondations retrouvent du travail grâce à Caritas Burundi, in : https://www.iwacu-burundi.org/une-partie-des-sinistres-retrouvent-du-travail-grace-a-caritas-burundi/ 31.07.2014. Letzter Abruf am 05.10.2021

Vircoulon, Thierry, Mutation du secteur minier au Burundi, du développement à la Captation, Notes de l'Ifri, Ifri, 2019.

Vogt, Markus, Christliche Umweltethik, Grundlagen und Zentrale Herausforderungen, Herder, Freiburg, 2021.

Walter, Kaspar, Gott der Schöpfer und Vollender, Herder, Freiburg, 2017.

Weber, Friedrich, Gottes Schöpfung feiern und bewahren, in: Elisabeth Dieckmann; Verena Hammes; Jochen Wagner, (Hg) Verantwortlich für die Schöpfung, 10 Jahre ökumenischer Tag der Schöpfung, Herder, Freiburg, 2020, S. 25-36.

Wigbard Streblow, Die Ernährungstherapie der Heiligen Hildegard, Rezepte, Kuren und Diäten, Bauer, Freiburg, 1993.

Zakweli, L'encyclopédie universelle en ligne, Population du Burundi en 2020, in : www.zakweli. com/population-burundi/. Letzter Abruf am 21.10.2021.

Printed by Books on Demand GmbH, Norderstedt / Germany